AF192693

NO ESTÁ MAL, PARA SER MUJERES

Iris Montero Muñoz

Ilustrado por:
Isabel Ariznavarreta Marín

© del texto: Iris Montero Muñoz
© de las ilustraciones: Isabel Ariznavarreta Marín
© del prólogo: Lucía Sesma Prieto
© de la edición: Cuatro Letras Editorial
Impreso en España
Primera edición: octubre de 2025
ISBN: 978-84-127580-3-0
Depósito legal: M-19979-2025

PRÓLOGO

Firmamento de científicas

Lucía Sesma Prieto

La oscuridad donde habitaban las científicas hasta hoy empieza a ver la luz. Las mujeres de cualquier profesión han estado eclipsadas durante muchos años, sin que a nadie pareciera llamarle la atención su ausencia en los libros de texto o en la pléyade de los Premios Nobel. A nosotras, sí. «El efecto Matilda» es el fenómeno que da nombre al ninguneo sistémico de aquellas dedicadas al mundo de la ciencia. La historia ha velado a matemáticas, antropólogas, paleontólogas, informáticas, biólogas o físicas, pero le ha sido imposible callarlas. La creencia de que ellas siempre han estado vinculadas a los cuidados y al hogar, apartadas de la investigación, el estudio y los avances tecnológicos más punteros, ha llevado a una quimera errónea. La educación y los roles sociales han hecho mella durante siglos, pero no la suficiente como para detener a las excepcionales científicas que Iris Montero Muñoz nos presenta en el libro de microrrelatos *No está mal, para ser mujeres*.

Este bestiario de mujeres extraordinarias presenta una biografía, previa a cada microrrelato, donde nos adentramos en la grandeza de sus vidas para luego ficcionarlas mediante un género literario tan fascinante. Iris escribe con ironía, rabia, inteligencia y belleza desde los títulos —«La jardinera del Paraíso», «La cocinera de lo invisible» o «La activista»—, hasta el final. La literatura le permite un ajuste de cuentas con la historia en el que estas mujeres se rebelan contra los mitos del Edén o la tiranía de una estética exigida solo a ellas. Británicas, danesas, españolas, francesas, sudafricanas; de la Antigüedad clásica, decimonónicas, actuales; consagradas y olvidadas: constelaciones de científicas a las que adentrarse con pasión. Miren al cielo, observen las estrellas más brillantes de la galaxia y las que aún nadie les había enseñado. Abran bien los ojos, aprendan y disfruten de todo un firmamento de mujeres científicas.

Índice

MATEMÁTICAS E INGENIERÍA

OTRAS

NOTAS DE LA AUTORA
AGRADECIMIENTOS

Minerva

Diosa de la sabiduría, la estrategia militar y las artes. Fue una de las principales deidades del panteón romano. El mochuelo, su animal simbólico, la representaba en el arte y la iconografía. Según el mito, nació de la cabeza de Júpiter ya armada. Se la relaciona con la diosa griega Atenea; sin embargo, proviene de la diosa etrusca Menrva. Era protectora de artesanos, científicos y maestros, quienes la invocaba en actividades que requerían pensamiento racional y habilidad técnica. Formó parte de la tríada capitolina junto con Júpiter y Juno, y su templo era uno de los más importantes de Roma. Su figura perdura como símbolo del conocimiento, la razón y la civilización.

El alumbramiento

A María Paz Martín y María Teresa Tellería,
únicas directoras del Real Jardín Botánico de Madrid en 270 años de historia

Al conocer que su esposa iba a dar a luz una niña, la encerró en el sótano de la casa. La dejó abandonada a su suerte: sin agua, sin comida, ni siquiera un rayo de sol. Con la única compañía de los roedores que allí moraban. Cuando esta murió de inanición, un fuerte dolor de cabeza empezó a atormentarlo. Los calmantes no bastaban; las hierbas con las que el boticario le proveía eran como una gota de agua en el océano. Hasta que la presión en la cabeza fue tal que decidió ponerse en manos de un cirujano.

Este, en la primera incisión, le extrajo una mujer de gran sabiduría.

ANTROPOLOGÍA Y MEDICINA

El mayor peligro para nuestro futuro es la apatía.

JANE GOODALL

13

Trota de Salerno (c. 1090-1160)

Médica italiana reconocida como la primera ginecóloga. Se sabe poco sobre su vida, pero su nombre siempre aparece relacionado con la Escuela de Medicina de Salerno, una de las pocas en la Edad Media que admitía tanto hombres como mujeres. Su saber se basó en la observación empírica y la aplicación de tratamientos de la tradición grecolatina y árabe. Sus mayores aportaciones fueron en el campo de la ginecología y la obstetricia. En su obra más conocida, *De passionibus mulierum curandorum* (Trotula Maior), recopiló textos médicos sobre salud femenina, parto y cuidados neonatales, afirmó que los problemas de infertilidad no son exclusivos de la mujer y propuso formas de mitigar el dolor en el parto (una práctica condenada en la época, ya que el dolor del parto se consideraba una penitencia del pecado original). También escribió *De curis mulierum* (Trotula Minor) que incluía temas de cosmética y cuidado femenino para prevenir enfermedades. A pesar de su importancia, su figura se olvidó en siglos venideros. Estudiosos de la época dudaron de que fuese mujer y hasta de su existencia. En el siglo XV sus obras se atribuyeron a un varón al que denominaron Trótulo (Trotulus). No fue hasta el siglo XX cuando los historiadores rescataron su legado y reivindicaron su papel en la historia de la medicina. Se desconoce la fecha exacta de su muerte. La copia más antigua que se conserva de Trotula Minor (siglo XII) se encuentra en la Bodleian Library de Oxford.

La maestra de pociones

La parturienta grita, se retuerce de dolor en el jergón; el crepitar de la lumbre acompaña los sollozos; el olor a angustia ocupa toda la habitación y la tela se cubre de sangre. El marido, los vecinos y el cura se santiguan para calmar su penitencia. La matrona, a escondidas, extrae de su túnica mugrienta un brebaje de mandrágora que le ofrece a la mujer casi inconsciente.

A la voz de amén, los alaridos cesan; los presentes elevan la mirada al cielo en agradecimiento. Al cabo de unos minutos, el quejido de un niño irrumpe en la sala.

Elisabeth Blackwell (1821-1910)

Médica inglesa nacionalizada estadounidense reconocida por ser la primera mujer en obtener un título de doctora en Medicina en Estados Unidos. Su vocación surgió tras la muerte de una amiga cercana por cáncer de útero, quien le confesó que, de haber sido tratada por una mujer, habría sufrido menos dolor. Entonces postuló, sin éxito, a más de una decena de universidades. En 1847 fue admitida en el Geneva Medical College de Nueva York. Su ingreso fue un hecho insólito: los estudiantes varones votaron a favor pensando que se trataba de una broma del director. En 1849, fue la primera mujer en graduarse en Medicina en Estados Unidos. Ese mismo año, mientras trataba a un bebé con conjuntivitis neonatal, contrajo una infección ocular por la que perdió el ojo izquierdo. También publicó su tesis sobre el tifus. Viajó a París y Londres donde se formó como partera y ganó experiencia médica. En 1857, fundó un hospital dedicado a la atención de mujeres y niños (New York Infirmary for Women and Children). Asimismo, promovió el acceso a la educación médica para mujeres y fue una defensora activa de la salud pública. Lideró campañas para mejorar las normas de higiene con el fin de evitar la propagación de enfermedades. Desde 1949, la Asociación Americana de Mujeres Médicas otorga la Medalla Elizabeth Blackwell como reconocimiento a las contribuciones por la causa de la mujer en medicina.

La capitana Blackwell

Cuando el pirata intenta agarrarle los pechos, le asesta un golpe seco con los grilletes. Se recoloca el parche y arrastra el cuerpo inerte hasta la parte superior del casco para atarlo a los pies del mástil. Con los ruidos, la tripulación se despierta y, al salir a cubierta, la encuentra agarrada al timón.

Juliane Dillenius (1884-1949)

Antropóloga argentina reconocida por ser la primera mujer en obtener un doctorado en Antropología Física en América. Nació en una familia alemana migrante por lo que dominaba el alemán y el español. Estudió Ciencias Históricas en la Facultad de Filosofía y Letras de la Universidad de Buenos Aires, donde se doctoró en 1911. Mientras estudiaba la carrera trabajó en el Museo Etnográfico de Buenos Aires. Colaboró en la clasificación de material osteológico y preparó laminas para las clases de Robert Lehmann-Nitsche, famoso médico y etnólogo. Su investigación se centró en la arqueología y la craneometría. Analizó la cerámica funeraria calchaquí, estudió la influencia de la deformación de cráneos prehispánicos y comparó la craneometría de los habitantes precolombinos. Contribuyó al debate sobre la distribución de los pueblos prehispánicos y discutió, con figuras como Aleš Hrdlička, sobre la antigüedad del hombre americano. Sin embargo, su carrera se interrumpió en 1913 tras contraer matrimonio con Lehmann-Nitsche. Desde entonces dejó de publicar, aunque colaboró con su marido y mantuvo correspondencia con personalidades destacadas del campo.

La chamana

En lo alto del cerro más antiguo, una mujer, nacida de un rayo y una semilla de maíz, golpea el tambor y canta en todas las lenguas de los ancestros. La música llega desde el altiplano hasta la selva: aztecas, incas, mayas, mapuches, muiscas, olmecas, la escuchan. De la montaña bajan guerreros andinos con lanzas de piedra; del bosque, llegan pintados y armados con flechas; de la meseta, con hondas y cerbatanas.

Esa noche, bajo la luna llena, los pueblos se reúnen alrededor de la hoguera. Y al ritmo de la música bailan para recuperar su tierra.

Dorothy Garrod (1892-1968)

Arqueóloga británica reconocida por sus investigaciones sobre el Paleolítico. Se graduó en Arqueología por la Universidad de Oxford, donde también se doctoró. En 1925, descubrió un cráneo infantil de neandertal en la cueva de Gorham (Gibraltar) al que llamó Abel. Con este descubrimiento demostró la coexistencia de neandertales y humanos modernos. Dirigió excavaciones en Kurdistán y Oriente Próximo, en las que siempre contrataba mujeres locales. Entre 1929 y 1934, en Monte Carmelo (al norte de lo que hoy es Israel), halló artefactos de piedra y restos que demostraban la existencia de neandertales. Hasta entonces no se habían localizado restos de estos homínidos en la región. Acuñó el término Natufiense con el que describió una cultura del Epipaleolítico. En 1939, fue nombrada profesora de Arqueología en Cambridge, lo que la convirtió en la primera mujer en alcanzar una cátedra universitaria. Después de la Segunda Guerra Mundial, en la que sirvió en la Royal Air Force Volunteer Reserve, continuó sus investigaciones.

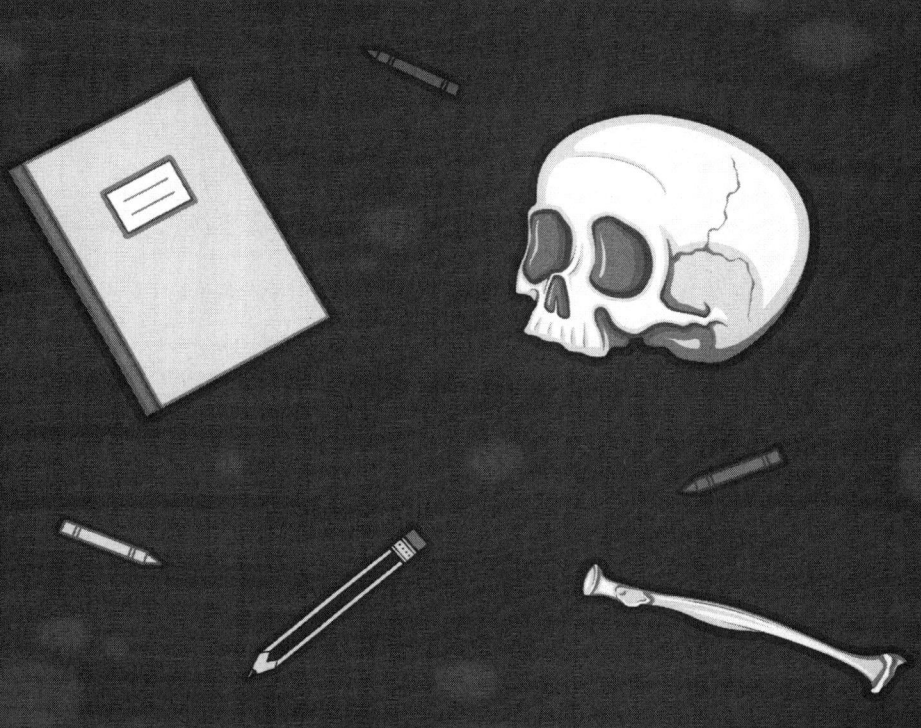

La exhumadora

La paz no es solo la ausencia de guerra,
también es la existencia de justicia y equidad para todos los pueblos.
Mahmud Darwish (poeta palestino)

La pala topó con algo rígido. Contuvo la respiración, la levantó despacio; cerró los ojos y soltó el aire al comprobar que no era una mina. Con las manos, apartó la arena y surgieron cientos de huesos diminutos, juguetes rotos: muñecas sin brazos ni piernas, sin ojos, cochecitos sin ruedas; cuadernos con lecciones a medias, lapiceros, mochilas y ropa deshilachada.

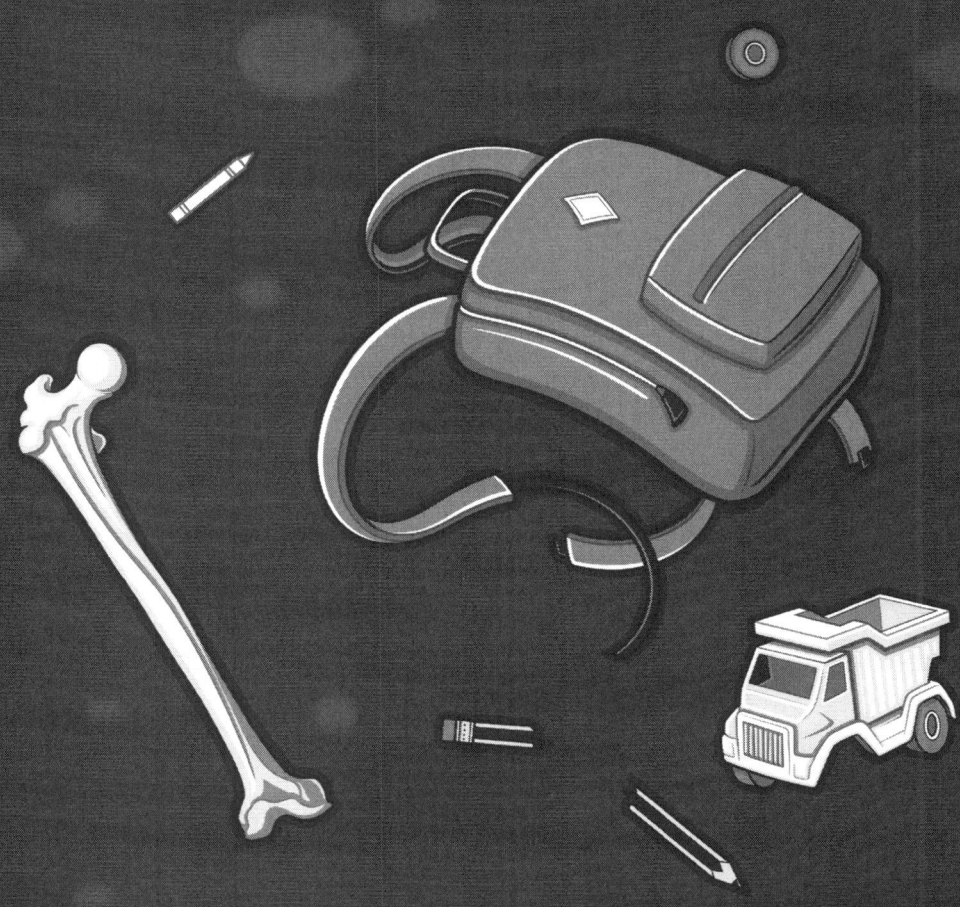

Jane Cooke Wright (1919-2013)

Oncóloga estadounidense reconocida por ser la «madre de la quimioterapia». En 1945 obtuvo el título de Medicina por el New York Medical College. En los años cincuenta, investigó sobre el uso de agentes quimioterapéuticos para el tratamiento del cáncer. Empleó la quimioterapia combinada, una aproximación en la que se utilizan diferentes medicamentos a la vez para tratar la enfermedad de manera más efectiva. Utilizó tejidos tumorales de los pacientes para aplicar terapias personalizadas. También desarrolló un método menos invasivo para administrar la quimioterapia por medio de un catéter. Su trabajo mejoró la ratio de supervivencia. En 1967 la nombraron directora del Departamento de Oncología del New York Medical College, así se convirtió en la primera mujer en dirigir un departamento de esta especialidad. Recibió el Premio al Logro Científico del Instituto Nacional del Cáncer y el Premio a la Contribución Distinguida de la American Medical Women's Association.

La hermana repostera

En un cuenco mezcla con precisión leche, levadura, huevos, mantequilla, azúcar, esencia de vainilla y harina. Con las manos humedecidas trabaja la masa: golpea, estira, repliega, golpea, estira, repliega; cada vez, con más suavidad. Con cuidado forma una bola de una elasticidad extraordinaria y la deja reposar. Cuando dobla el tamaño, espolvorea un poco de harina sobre la mesa y, con el rodillo, la acaricia, para no sacar todo el aire que contiene. Moldea hombrecillos y con las sobras les añade pequeños adornos. Los unta con un poco de aceite y dispone unas escamas de sal de azafrán por encima. Al hornear las figurillas a doscientos grados, se tiñen de colores y toman vida: una fusión de sabores que sanará el alma de los que las probarán.

Jane Goodall (1934-2025)

Etóloga británica reconocida por su trabajo sobre el comportamiento de los chimpancés. Muy joven viajó a Kenia donde colaboró con Louis Leaky, antropólogo inglés. En los años sesenta, Leaky, la envió a Tanzania para estudiar si los monos se parecían a los humanos primitivos. En la Reserva Gombe Stream vivió entre chimpancés mientras observaba sus conductas e interacciones sociales. Demostró que tienen jerarquías complejas, distintas personalidades y muestran compasión y crueldad. Fue la primera persona en atribuir emociones a los primates. Cuestionó la exclusividad humana en el uso de herramientas y en la expresión de emociones. El conocimiento que adquirió durante los años de trabajo en el campo le valió para doctorarse en Etología por la Universidad de Cambridge en 1965, aunque no tenía título de grado. En 1977 fundó el Instituto Jane Goodall, dedicado a la conservación y la educación sobre la naturaleza. Ha recibido numerosos reconocimientos como el Premio Príncipe de Asturias, la Medalla de Oro UNESCO, la Medalla Hubbard del National Geographic Society, el Premio Kyoto y el título de Dama del Imperio Británico, entre otros. Hoy en día es una figura icónica en la defensa de los derechos de los animales y la conservación del planeta.

La defensora de los simios

Todo estaba preparado para el juicio: a un lado esperaban los monos y al otro los fiscales que les acusaban por el robo a los humanos de unas herramientas. La gente del jurado ocupaba sus posiciones y la sala estaba llena de público. La acusación se dirigió al jurado para explicar los hechos. La representante de la defensa expuso, convincente, sus argumentaciones.

Por fin llamaron a declarar al acusado, un chimpancé, al que abrumaron a preguntas, dio respuestas que nadie entendió y de las que todos se rieron. En su turno, la abogada, lo tranquilizó y tradujo, a todos los asistentes, lo que el animal expuso. De seguido le prestó unas ramillas, iguales a los utensilios robados y destapó, con gran solemnidad, un termitero artificial. Al cabo de unos minutos, el animal, las utilizó como pajitas para extraer los insectos. La estancia enmudeció. El juez, ante el silencio ensordecedor, golpeó la mesa con el mazo para pedir orden. La letrada finalizó la intervención: «no hay más preguntas, señoría».

Patricia Bath (1942-2019)

Médica e inventora estadounidense reconocida por sus contribuciones en el campo de la oftalmología. A los 16 años aplicó a la National Science Foundation Scholarship, lo que la vinculó al programa científico de la Universidad de Yeshiva, Nueva York. Allí, bajo la dirección del doctor Moses Tendler, realizó investigaciones sobre la relación entre el cáncer y la nutrición. En 1968 obtuvo el título de medicina por la Universidad de Howard, Washington D.C. Poco después regresó a Harlem para especializarse en oftalmología en la Universidad de Nueva York. Centró su atención en enfermedades como el glaucoma. En 1970 realizó la primera cirugía. Combatió la ceguera prevenible y mejoró el acceso a la atención oftalmológica en comunidades marginadas. En 1974 se convirtió en la primera mujer en unirse al departamento de oftalmología en la Universidad de California en Los Ángeles (UCLA). En 1988 desarrolló y patentó el Laserphaco Probe, un dispositivo que revolucionó la cirugía de cataratas. Fue la primera mujer afroamericana en conseguir una patente médica en Estados Unidos. Fundó el American Institute for the Prevention of Blindness (AiPB), para luchar contra la ceguera evitable en comunidades desfavorecidas. A lo largo de su carrera recibió múltiples reconocimientos y, en 2017, ingresó en el National Inventors Hall of Fame.

La hija de David

Al pasar por la aldea vio a un hombre ciego de nacimiento. Cuando sus seguidores preguntaron si él o sus padres habían pecado, ella respondió que no, que él sería la prueba de las obras de quien la envió; mientras estuviera en el mundo, dijo, ella sería su luz. Entonces escupió en la tierra, hizo barro con la saliva y lo untó sobre sus ojos. Luego le mandó lavarse en el estanque de Siloé: al regresar, veía. En el pueblo se corrió la voz, le preguntaron que quién le había abierto los ojos, pero no le creían. Él respondió: «aquella mujer me dio la vista».

Linda Buck (1947-actualidad)

Bioquímica y neurocientífica estadounidense reconocida por su trabajo sobre el sistema olfativo. En 1975 se licenció en Psicología y Microbiología por la Universidad de Washington. En 1980 se doctoró en Inmunología por la Universidad de Texas Southwestern Medical Center. En 1988, se unió al laboratorio de Richard Axel en la Universidad de Columbia como investigadora postdoctoral. En 1991 describió la existencia de una familia de genes de receptores olfativos responsables de detectar los distintos olores. Demostró que cada neurona olfativa expresa solo un tipo de receptor, lo que permite al cerebro interpretar una amplia variedad de olores. Dio respuesta a cómo el sistema olfativo es capaz de reconocer y diferenciar miles de moléculas en el aire. En 2004 recibió el Premio Nobel de Medicina junto a Axel. Su trabajo ha sido fundamental para comprender cómo el cerebro procesa la información sensorial. En la actualidad es profesora en el Fred Hutchinson Cancer Center en Seattle. Su trabajo ha servido para investigar la conexión entre el olfato y trastornos neurológicos como el Alzheimer o el Parkinson.

La anciana lúcida

Al abrir el frasco de mermelada que le había entregado la desconocida, el olor a ciruelas le golpeó el pecho. Un recuerdo tibio se le coló en la cabeza: el sol de la tarde entraba por la ventana, la fruta junto al azúcar y el limón borboteaban en el cazo, mientras una niña ataviada con un mandil, subida a un taburete de madera, removía con fuerza la mezcla; al son de los boleros que sonaban en la radio, ella untaba dos rebanadas de pan con la confitura recién preparada. Cuando cerró el bote, alzó la vista, y por un segundo, recordó la cara y el nombre de la joven que tenía enfrente.

Françoise Barre-Sinoussi (1947-actualidad)

Viróloga francesa reconocida por su investigación sobre el virus de la inmunodeficiencia humana (VIH). En 1974 se doctoró por la Universidad de Paris. Comenzó a trabajar en el Instituto Pasteur en el equipo del virólogo Luc Montagnier. Durante los años ochenta, en plena crisis sanitaria por el aumento de casos de una enfermedad desconocida, aisló un retrovirus en pacientes con síntomas de síndrome de inmunodeficiencia adquirida (SIDA). Al principio se denominó LAV (Lymphadenopathy-Associated Virus); poco después, VIH. Este descubrimiento permitió el desarrollo de pruebas de diagnóstico, tratamientos antirretrovirales y campañas de prevención. En 2008 recibió el Premio Nobel de Medicina junto con Luc Montagnier. Entre 2012 y 2014 la nombraron presidenta de la Sociedad Internacional de SIDA. Trabajó con comunidades afectadas para promover el acceso a la atención médica y la educación sobre el VIH en países de bajos recursos. Colaboró con la Organización Mundial de la Salud (OMS) y diferentes ONG en la lucha contra esta enfermedad.

La inmune

La ciudad era un cementerio habitado por cadáveres errantes con bocas hambrientas. Una de entre los pocos vivos que resistían, se escondía entre las ruinas y solo salía en busca de otros cuando la noche caía.

Una madrugada, en un callejón, encontró un niño al que un zombi acababa de morder. Tenía las pupilas dilatadas, el cuerpo frío y la piel ennegrecida. Estaba casi transformado. Se acercó a él y probó, desesperada, a morderle sobre la herida. Mientras esperaba, le apuntó con la pistola en la sien hasta que su piel retomó el color rosado.

May-Britt Moser (1963-actualidad)

Neurocientífica y psicóloga noruega reconocida por su investigación sobre cómo el cerebro determina la posición del cuerpo en el espacio. En 1995 se doctoró en Neurofisiología por la Universidad de Oslo. Trabajó como científica invitada en el University College de Londres, junto a John O'Keefe, neurocientífico británico-estadounidense. En 1996 se incorporó a la Norwegian University of Science and Technology en Trondheim. En 2005 descubrió un tipo especial de neuronas, conocidas como células de red, que funcionan como un GPS y permiten a los seres vivos saber dónde están y hacia dónde van. Su descubrimiento, junto al trabajo previo de O'Keefe, que identificó las células de lugar, sirvió para revelar cómo el cerebro construye mapas internos para la orientación y el desplazamiento. Ha sido un avance en la comprensión de enfermedades como el Alzheimer, en la que los pacientes pierden el sentido de la orientación. En 2014 recibió el Premio Nobel de Medicina junto a su marido, Edvard Moser, y John O'Keefe.

La mujer sin norte

A Julio Cortázar

Al principio, solo había una escalera. De esas que uno sube sin pensarlo. Ascendía por ella, pero siempre llegaba al mismo punto, a una que descendía. Bajaba y subía, a la vez que subía y bajaba. A veces desembocaba en una pared, otras en una ventana que daba a otra escalera, o a una puerta que parecía la salida, pero que en realidad no lo era. Lo que si pasaba es que siempre volvía al mismo peldaño de inicio. Cuando lo pisaba de nuevo, los techos se convertían en suelos, los suelos, techos, y las escaleras se retorcían, cambiaban su posición; arriba era abajo, y abajo, arriba; izquierda, derecha y derecha, izquierda. En la enésima vuelta, al detenerse un instante a respirar, la escalera ya no estaba. O tal vez sí, pero del lado equivocado del suelo o del techo. Trataba de recordar por dónde había empezado. Dio un paso más y el espacio se encogió. Cayó, pero no por la gravedad, sino porque el peldaño decidió no estar allí.

ASTRONOMÍA E INGENIERÍA AEROESPACIAL

No se les ha dado nada a las minorías ni a las mujeres. Ha costado mucho esfuerzo conseguir esa igualdad de oportunidades y seguimos luchando hoy.

ANNIE EASLY

Caroline Herschel (1750-1848)

Astrónoma alemana conocida por ser la primera mujer en descubrir un cometa. Tuvo una infancia marcada por la viruela y el tifus y no pudo recibir educación formal por su condición de mujer. Su padre, Isaak Herschel, se encargó de formarla a escondidas en música y matemáticas. Cuando este murió, su madre la educó en tareas más acordes a la época (hogar y cuidado de sus hermanos). No obstante, en 1772, su hermano William, que vivía en Inglaterra, la llamó para que se convirtiera en su ama de llaves y fuera la soprano de los conciertos que ofrecía. Abandonó la música para convertirse en la secretaria de William cuando este demostró interés por la astronomía. En 1786 descubre su primer cometa (C/1786 P1) y para anunciar el hallazgo escribió a Charles Blagden, secretario de la Royal Society of London, aunque su hermano tuvo que añadir anotaciones para explicar que él también avistó estrellas en las coordenadas que indicaba Caroline. En 1787 se convierte en la primera mujer en recibir un salario de cincuenta libras, por parte de la corona, en calidad de astrónoma. En 1797 publica el catálogo de nebulosas y cúmulos, que incluyó dos mil quinientas coordenadas de objetos celestes y en 1828 recibió la Medalla de Oro de la Real Sociedad Astronómica. Escribió su propio epitafio: *The eyes of her, who is glorified here below, turned to the starry heavens.*

La traficante de sueños

Se muerde las uñas mientras espera bajo la tenue luz de una farola. En el horizonte surge una silueta masculina, algo encorvada, con sombrero y gabardina. Se acerca a ella, y tras reconocerse, él, con las manos arrugadas y algo temblorosas, le entrega cincuenta monedas de oro a cambio de un sobre con información. Comprueba el contenido mientras la observa alejarse: unas coordenadas y una hora concretas, las mismas sobre las que una estrella fugaz recorrerá el cielo para concederle su último deseo.

Wang Zhenyi (1768-1797)

Astrónoma y matemática que vivió durante la dinastía Qing. Nació en una familia adinerada y de eruditos, su abuelo fue un alto funcionario apasionado por la ciencia y su padre médico. Ambos la proporcionaron acceso a libros de astronomía, matemáticas, geografía y medicina. Estudió los clásicos chinos, pero también los textos que llegaban de occidente a través de comerciantes. Contribuyó de manera brillante a la astronomía y las matemáticas. Explicó los eclipses lunares y solares a través de experimentos con una lámpara, un espejo y una pelota; estudió los movimientos de los cuerpos celestes y escribió sobre el eje de la Tierra y su impacto en las estaciones; escribió sobre trigonometría, fracciones y álgebra, y simplificó conceptos complejos para promover la educación matemática en China. Además de dedicarse a la ciencia, escribió poesía. Fue muy diferente a la que escribían otras mujeres de la época porque narraba sus viajes y sus investigaciones. Dejó trece volúmenes de Ci, prosa, prefacios y postdatas. Falleció muy joven, a los 29 años. En 2004 la Unión Astronómica Internacional nombró un cráter de Venus en su honor.

La pitonisa del firmamento

En la plaza del pueblo una carpa azul con estrellas fluorescentes bordadas atrae la atención de los lugareños. Dentro del teatro una señora espera junto a un pequeño teatro de marionetas. Cuando todo el mundo está en silencio, abre las cortinillas y mueve los hilos de una esfera plateada entre una amarilla y una azul, con lo que proyecta un círculo negro con un halo blanco; luego la esfera azul, entre la amarilla y la plateada para teñir esta última de color cobrizo. El público observa en silencio mientras ella muestra el movimiento de lo que llama cuerpos celestes. Nadie lo entiende, nunca lo han visto. La acusan de hereje, lanzan tomates y abucheos. Al salir una luna rojo sangre ilumina el cielo. La gente vuelve la mirada hacia la mujer. Todos callan.

Maria Mitchell (1818-1889)

Primera astrónoma profesional estadounidense. Desde pequeña, su padre le enseñó a usar instrumentos astronómicos y a calcular la posición de los astros. En 1836, comenzó a trabajar como bibliotecaria en la Nantucket Atheneum, lo que le permitió continuar su educación de manera autodidacta. El 1 de octubre de 1847, descubrió un cometa que se llamó «Cometa Miss Mitchell» (C/1847 T1). Por este hallazgo, recibió la medalla de oro del rey Federico VI de Dinamarca, gran aficionado a la astronomía. Se convirtió en la primera mujer en recibir este reconocimiento que solo se otorgaba a quienes descubrieran cometas antes que nadie. Estudió los eclipses y las manchas solares e hizo contribuciones al conocimiento de la actividad estelar. En 1865 la contrataron como profesora de astronomía en el Vassar College, Nueva York. Dirigió el observatorio de la institución y luchó por mejorar los salarios de las profesoras. Defendió que la educación era la clave para la igualdad. Formó parte de la American Association for the Advancement of Women y fue mentora de jóvenes interesadas en la astronomía. Tanto el Maria Mitchell Observatory de Nantucket como el cráter lunar Mitchell llevan su nombre.

La niña escapista

Estaba encerrada en la buhardilla desde que murió su padre. La madrastra no la dejaba salir ni para cenar; se lo subía ella misma: un trozo de pan duro, un poco de caldo y un vaso de leche, a veces agria. Todos los días se arrodillaba en el ventanuco para mirar las estrellas. Colocaba la barbilla entre las manos, acodada al poyete, y soñaba con tocarlas, incluso con subirse a una para escapar de allí.

Esa noche, que ni siquiera había comido, el rugido del estómago la despertó. Tras el cristal, vio cómo una estrella se acercaba hacia ella, titilaba, la llamaba. Abrió la ventana y se puso de puntillas para estirar el brazo lo máximo posible. Cuando la yema de su dedo rozó el cuerpo celeste, desapareció.

Henrietta Swan Leavitt (1868-1921)

Astrónoma estadounidense reconocida por su trabajo sobre la medición de distancias cósmicas. Asistió al Radcliffe College, entonces la división femenina de Harvard, donde estudió astronomía y otras disciplinas. Durante el último año de universidad enfermó, tras lo que quedó con problemas de audición. En 1895, comenzó a trabajar en el Observatorio del Harvard College bajo la dirección de Edward Charles Pickering. Formó parte del grupo de mujeres conocidas como las «Computadoras de Harvard». Su tarea consistía en examinar miles de imágenes de estrellas y comparar los cambios de brillo. En 1908, mientras estudiaba estrellas variables en la Pequeña Nube de Magallanes, percibió que algunas de ellas, conocidas como cefeidas, brillaban y se oscurecían en intervalos de tiempo regulares. En 1912, publicó el artículo en el que establecía la Ley de Período-Luminosidad, que demostraba que el período de una cefeida estaba relacionado con su luminosidad. Proporcionó la primera «regla de medición» para calcular la distancia a otras galaxias. Esto permitió a Edwin Hubble demostrar que el universo se expandía. Su labor fue atribuida a otros astrónomos y su descubrimiento se utilizó sin darle crédito. En 1925, el astrónomo Gösta Mittag-Leffler consideró nominarla para el Premio Nobel, pero no pudo porque había fallecido. En la actualidad un cráter lunar y un asteroide llevan su nombre.

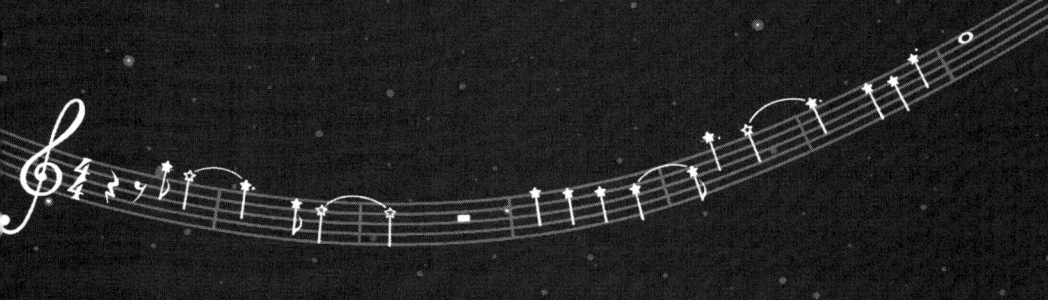

La directora de orquesta

Cada noche, con los mismos nervios de siempre, sube al escenario donde miles de estrellas esperan sus órdenes. Con un suave movimiento de batuta, marca el tempo. Algunas comienzan a titilar. Cuando hace un gesto con la mano izquierda, otras entran con precisión y responden con pulsos de luz. Al levantar y abrir los brazos con amplitud, los destellos se vuelven más intensos. Abajo, arriba, derecha; abajo, arriba, derecha, sin parar. La melodía continúa hasta que la maestra da paso a la gran estrella solista para finalizar la función.

Desde la Tierra miran al cielo para aplaudir antes de que amanezca.

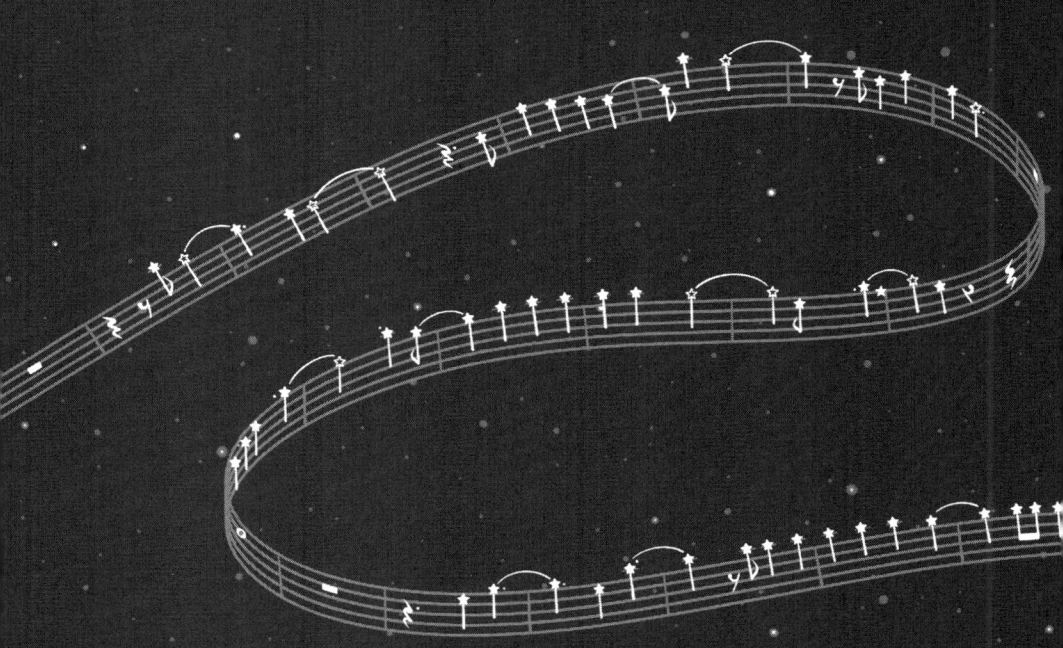

Cosmic Love - Florence and the Machine

Cecilia Payne-Gaposchkin (1900-1979)

Astrónoma británico-estadounidense reconocida por su investigación sobre la composición de las estrellas. En 1919 consiguió una beca para estudiar Física en la Universidad de Cambridge. A pesar de completar sus estudios no le dieron el título porque a las mujeres no se las reconocía como graduadas. En 1923 emigró a Estados Unidos para continuar su carrera en el Observatorio del Harvard College donde el astrónomo Harlow Shapley le brindó una oportunidad. En 1925 defendió la tesis doctoral titulada *Stellar Atmospheres*. Con este trabajo demostró que el hidrógeno y el helio son los principales componentes de las estrellas. Esto contradijo la creencia de que tenían una composición similar a la de la Tierra. Su conclusión revolucionó la astronomía, aunque al inicio fue desacreditada por Henry Norris Russell, un prestigioso astrónomo, que la instó a que no incluyera esos resultados en la tesis. Ella los publicó con una nota de que podrían ser erróneos. Unos años más tarde, el mismo Russell llegó a la misma conclusión que ella. Fue entonces cuando la comunidad científica aceptó su trabajo. También investigó la evolución estelar y la estructura de la Vía Láctea. En 1956, se convirtió en la primera mujer en dirigir el Departamento de Astronomía de la Universidad de Harvard. Recibió varios honores como el Henry Norris Russell Prize de la American Astronomical Society o la denominación del Asteroide 2039 con su nombre.

La aprendiz de barista

Se acerca a la máquina *espresso* y toma el portafiltro que rellena de café sin apenas moler. Tampoco lo prensa antes de introducirlo en la cafetera. Al romper el agua, un hilo oscuro y brillante empieza a caer, lento y constante. Cada gota desprende aroma a frutos secos tostados. Mientras, calienta la leche en la jarra, la espuma crece, se vuelve sedosa. Después la vierte con cuidado sobre el café. Juega, la mueve, forma un dibujo. Cuando se lo sirve al cliente, este la mira con desdén, se lo intenta devolver por cómo lo ha preparado. Pero entonces lo huele.

Vera Rubin (1928-2016)

Astrónoma estadounidense reconocida por su investigación sobre la rotación de las galaxias. En 1948 se graduó en Astronomía en el Vassar College. Después intentó matricularse para estudiar el postgrado en la Universidad de Princeton, pero le negaron el ingreso porque no aceptaban mujeres. Estudió en la Universidad de Cornell y, en 1954, se doctoró en la Universidad de Georgetown. En los años sesenta se unió al Carnegie Institution de Washington donde, junto a Kent Ford, se dedicó a estudiar la velocidad de rotación de las galaxias. Descubrió que las estrellas más externas se movían a gran velocidad, casi igual que las del centro, lo que desafió las leyes de la física tal y como se entendían. Esto solo era posible si en las galaxias existía una cantidad de masa enorme, invisible, que ejercía atracción gravitacional. Contribuyó al descubrimiento de lo que hoy conocemos como materia oscura. Fue la segunda mujer en ser elegida miembro de la Academia de las Ciencias y en recibir la medalla de oro de la Royal Astronomical Society (tras Caroline Herschel). A pesar de la importancia de su trabajo nunca recibió el Premio Nobel de Física. La NASA bautizó el observatorio con su nombre.

La domadora de la oscuridad

Encontró en el desván una peonza de color negro, más oscura que el carbón. Bajó al jardín y bastó un leve tirón del hilo para que comenzara a dar vueltas. Al inicio giró despacio, pero poco a poco ganaba velocidad. Cada vez más, y más. El aire a su alrededor se volvió huracanado y el zumbido que emitía retumbaba en sus oídos. La sombra de la perinola se agrandó. Las piedras se deslizaban hacia ella, los insectos, las hojas; incluso la luz se curvaba a su alrededor. Cuando estuvo a punto de engullir la casa con su familia dentro, acercó la mano y con un toque la detuvo. Al día siguiente, la probaría en el colegio.

Annie Easley (1933-2011)

Matemática, programadora e ingeniera afroamericana estadounidense. Su labor en la NASA sirvió para desarrollar el software de cohetes y sistemas energéticos. Nació en Birmingham, Alabama, una ciudad marcada por la segregación racial. Estudió farmacia en la Universidad Xavier de Luisiana, una institución históricamente negra. En 1955, la contrataron en el Laboratorio Lewis de la NACA (precursora de la NASA). Fue una de las pocas mujeres de color en el equipo. Allí comenzó su carrera como «computadora humana». Realizó cálculos matemáticos a mano para proyectos de propulsión y cohetes. Y aprendió computación. Participó en proyectos como el Centaur, un cohete que usaba hidrógeno líquido como combustible. Trabajó en sistemas energéticos, y desarrolló códigos informáticos para analizar fuentes alternativas de energía. Estuvo muy comprometida con el acceso de la mujer y las minorías a la ciencia. También colaboró en programas de extensión educativa para asesorar a jóvenes interesados en la ciencia y la tecnología. Sus contribuciones ayudaron a desarrollar la exploración espacial y las energías renovables.

La agricultora sostenible

Con las manos cubiertas de callos clava la azada en la tierra. No se arrepiente de haber desguazado el arado a motor. Abre un surco. Después otro, y otro, hasta que el suelo está preparado para sembrar las semillas. Durante semanas, cuida el campo: lo riega con agua de lluvia, lo nutre con humus de lombriz, y lo protege del clima con hojas secas y fibra de palmera. No usa pesticidas. Tampoco fertilizantes. A los pocos días emergen las plántulas, tallos metálicos con dos hojuelas negras que al recibir la luz del sol chisporrotean. Cuando por fin las placas maduran, cosecha la energía.

Valentina Tereshkova (1937-actualidad)

Cosmonauta, ingeniera y política rusa reconocida por ser la primera mujer en viajar al espacio. Desde joven mostró interés por la aviación, así que ingresó en el Club de Aeromodelismo. En 1961, tras el vuelo de Yuri Gagarin, la Unión Soviética buscó mujeres para entrenarlas como cosmonautas. Fue elegida entre más de cuatrocientas candidatas y en 1963, con veintiséis años, comandó la misión Vostok 6 lanzada desde el cosmódromo de Bikonur. Orbitó la Tierra cuarenta y ocho veces y estuvo casi tres días en el espacio. Durante la misión se hizo llamar *Chaika* (gaviota) y realizó experimentos sobre los efectos de la ingravidez en el ser humano. En 1969 se graduó en Ingeniería Aeroespacial por la Academia Militar de Zhukovski y trabajó en el programa espacial soviético. Alcanzó el rango de General Mayor de la Fuerza Aérea y durante varios años ocupó diversos cargos políticos. A lo largo de su vida ha recibido numerosos honores entre ellos el título de Héroe de la Unión Soviética, la distinción civil más alta en la URSS.

La viajera estelar

El potente ladrido de un can la despertó. Salió de la cueva y se topó, de bruces, con un cazador que apuntaba un arco hacia ella. Se dio cuenta que, en realidad, señalaba a una pequeña osa perdida. De la maleza surgió una osa colosal para proteger a la cría. Cuando intentó abalanzarse sobre ella, un león de densas melenas atacó la yugular de la enorme bestia que, insaciable, los cercó. Desde el cielo descendió un héroe sobre un caballo alado que logró abatir a la criatura. Tras la victoria, el majestuoso corcel se transformó en un cisne blanco, que la condujo hasta una encrucijada de caminos donde una cruz indicaba el sur. Desde allí provenía la delicada voz de su madre: era la hora de ir al colegio.

Jocelyn Bell (1943-actualidad)

Astrofísica británica reconocida por su papel en el descubrimiento de los púlsares: estrellas de neutrones que emiten pulsos de radiación electromagnética debido a su rápida rotación y fuerte campo magnético —«faros del universo»—. En 1965 ingresó en la Universidad de Cambridge para realizar su doctorado bajo la dirección del astrónomo Antony Hewish. Su proyecto consistía en estudiar los cuásares. Construyó un radiotelescopio de gran resolución. En 1967 detectó unos pulsos de radio de una periodicidad precisa. Algunos científicos consideraron que podría provenir de vida extraterrestre, pero descartó esa idea tras perseverar en sus análisis y toma de medidas. Este hallazgo sirvió para que en 1974 Hewish ganara el premio Nobel, junto a Martin Ryle, del que ella fue excluida. Tras finalizar el doctorado se casó y dejó la primera línea en investigación.

A lo largo de su carrera, ha realizado contribuciones significativas en radioastronomía y astrofísica de partículas. Ha sido profesora en diferentes universidades y recibido numerosos reconocimientos, uno de los últimos, el Breakthrough Prize de Física en 2018.

La nueva farera

«Cuando el misterio es demasiado grande, es imposible desobedecer», piensa mientras mira los gráficos que arroja el radiotelescopio. Así que se enfunda el traje, sube a la nave y parte hacía el espacio. Al dejar atrás el último planeta, la señal se vuelve intensa y pierde el control de los mandos. Entre la vorágine de ruidos y la poca esperanza que tiene de salir con vida, se asoma a una de las diminutas ventanillas para disfrutar del espectáculo que le ofrece el cosmos. A punto de ser engullida por la nube de polvo, la máquina responde de nuevo. Al otro lado del velo de partículas descubre una esfera que gira sin parar. Sobre ella se erige un edificio elevado pintado de blanco y rojo con una gran antena en la cima, donde habita un hombrecillo de barbas blancas. «Por fin llegas», le dice.

Mae Jemison (1956-actualidad)

Astronauta y médica estadounidense reconocida por ser la primera afroamericana en viajar al espacio. Desde pequeña soñó con ser astronauta. La actriz afroamericana que interpretó a la teniente Uhura en Star Trek alimentó su inspiración. Estudió ingeniería química en la Universidad de Stanford, además de estudios africanos y danza. En 1981, obtuvo el título de Medicina por la Universidad de Cornell. De 1983 a 1985 trabajó en la investigación de enfermedades en África Occidental con los Cuerpos de Paz. En 1987 la NASA la seleccionó como candidata a astronauta. En 1992 participó en la misión espacial Endeavour, en la que realizó experimentos de ingravidez con células óseas humanas. En 1993, después de dejar la NASA, fundó el Jemison Group, empresa de consultoría tecnológica; y la Earth We Share, iniciativa educativa para jóvenes. Ese mismo año apareció en la serie *Star Trek: The Next Generation*.

La comandante intergaláctica

La necesidad de muchos, pesa más que la de unos pocos, o que la de uno.

Comandante Spock

La joven cadete corre hacia la sala del núcleo *warp*. A pocos metros ve cómo el comandante se detiene ante la puerta del módulo. Intenta detenerlo; busca una alternativa para saltar a la velocidad de curvatura y alejarse del artefacto que está a punto de estallar. Sin tiempo, ambos se miran y comprenden la situación. Él le entrega su insignia antes de entrar. Desde los mandos, a través del intercomunicador, ella responde a su señal alejando la maltrecha nave —y a su tripulación— de la explosión.

BIOLOGÍA

La vida es una unión simbiótica y cooperativa
que permite a quienes se asocian tener éxito.

Lynn Margulis

Fanny Hesse (1850-1934)

Alemana reconocida por sus aportaciones en el campo de la microbiología. Trabajó como asistente e ilustradora para su marido Walther Hesse en el laboratorio de Robert Koch. Cuando vio que el uso de gelatina en los medios de cultivo no daba buenos resultados, propuso cambiarla por agar-agar. Esto hizo posible el aislamiento de bacterias dado que era una sustancia que estas no podían descomponer y que era estable a altas temperaturas. Conoció este producto gracias a unos amigos holandeses que vivieron en Indonesia y que lo usaban como espesante en postres. La idea de sustituir la gelatina, y otros productos, por este compuesto proveniente de las algas, transformó la investigación en microbiología. Con esta innovación Robert Koch aisló y describió el Bacilo de Koch, microorganismo causante de la tuberculosis. A pesar de su papel en el hallazgo, nunca se le atribuyó la idea ni se le dio reconocimiento en la época. Su contribución sentó las bases para investigaciones posteriores y estableció un modelo en la microbiología que aún se utiliza hoy en día.

La cocinera de lo invisible

Después de varios intentos fallidos de acabar la gelatina de limón, buscó en las profundidades del armario otro sobre de espesante. Encontró un bote que contenía unos polvos de color crema con una etiqueta desgastada y símbolos en un alfabeto desconocido. Añadió el contenido al agua hirviendo, removió con energía y esperó. El postre lucía perfecto, jugoso y brillante. Cuando lo palpó con los dedos para comprobar la textura, algo en la superficie respondió imitando la forma de sus yemas.

Nettie Stevens (1861-1912)

Genetista estadounidense, licenciada en Biología por la Universidad de Stanford y doctora por el Bryn Mawr College en 1901. Trabajó como maestra y bibliotecaria para financiar su educación e ingresó en la universidad a los 35 años. Bajo la tutela de Thomas H. Morgan, Nobel en 1933, identificó por primera vez los cromosomas sexuales, X e Y, y estableció su rol en la determinación del sexo de los organismos. En 1905 publicó sus investigaciones sobre el escarabajo de la harina (*Tenebrio molitor*). Sus descubrimientos se han atribuido por error a Edmund B. Wilson e incluso a Thomas H. Morgan, y a ella se le dio un papel secundario. No obstante, ambos investigadores siempre la reconocieron como artífice de los hallazgos. Falleció a los 50 años por un cáncer de mama justo antes de obtener la cátedra que se había creado para ella en el Bryn Mawr College. Sus contribuciones fueron fundamentales para la comprensión moderna de la herencia y la genética del sexo.

La voyeur

Permanece casi inmóvil mientras observa con fascinación la escena a través del cristal: dos figuras se mueven en perfecta sincronía; se fusionan, se separan, realizan un baile íntimo. Sus manos tiemblan, se retira el cabello de la frente y su deseo aumenta, no puede apartar la mirada. Se muerde el labio, trata de contener la emoción hasta que no puede más. Satisfecha, se seca el sudor de la frente y, tras una última ojeada, levanta la vista del microscopio.

Barbara McClintock (1902-1992)

Genetista estadounidense reconocida por el descubrimiento de los transposones. Se doctoró en Botánica en 1927 por la Universidad de Cornell, donde lideró el grupo de citogenética del maíz. Realizó investigaciones en el campo de la mejora genética de plantas. En la década de los años cuarenta descubrió, en el genoma del maíz, que ciertos segmentos de ADN eran capaces de moverse o «saltar» de un lugar a otro. Los denominó «genes saltarines» o transposones. Estos elementos genéticos móviles podían causar mutaciones y alteraciones en la expresión de los genes cercanos. Sus hallazgos fueron recibidos con escepticismo por la comunidad científica. No fue hasta los años ochenta cuando reconocieron su trabajo. En 1983 ganó el Premio Nobel de Fisiología y Medicina. El descubrimiento de los transposones ha tenido gran impacto en la comprensión de la evolución y la diversidad genética.

La chica del maíz

Tenía todo preparado para abrir las mazorcas que había cultivado durante semanas. Al quitarles las hojas, comprobó que unas eran amarillas, otras de color ámbar y naranja, había marrones y blancas, moradas y verdes, azules y violetas, y en otras, parecía que los granos habían saltado de cada una de las anteriores. Las combinaciones cambiaban: verde-amarillo, naranja-marrón, blanco-violeta, azul-ámbar y una vez más, algunas multicolor. Sintió que las plantas intentaban decirle algo. Elaboró mapas, calculó la frecuencia de los colores, y buscó patrones para entenderlas. Después de varios intentos, consiguió comunicarse con ellas.

Rita Levi-Montalcini (1909-2012)

Neuróloga italiana reconocida por descubrir el factor de crecimiento nervioso (NGF). Nació en una familia judía rica. En 1936 obtuvo el doctorado en Medicina y Cirugía. Durante la Segunda Guerra Mundial, debido a las leyes raciales fascistas que prohibían a los judíos trabajar en instituciones públicas, montó un laboratorio clandestino en su casa. Investigó el crecimiento neuronal en embriones de pollo. Para ello pidió huevos a sus vecinos y diseccionó los embriones con agujas de coser. Documentó como las células nerviosas crecían y morían. En 1947 se trasladó a Saint Louis (Estados Unidos) y se reincorporó a la carrera científica. En 1952, junto a Stanley Cohen, descubrió el factor de crecimiento nervioso, una molécula esencial para el desarrollo celular y la regeneración nerviosa. Este hallazgo revolucionó la neurobiología y facilitó los estudios sobre cáncer y enfermedades neurodegenerativas. En 1986 recibió el Premio Nobel de Fisiología o Medicina. Fundó el Instituto de Biología Celular en Roma (1962) y fue la primera mujer en ser admitida en la Pontificia Academia de las Ciencias (1983).

La científica clandestina

Una lágrima recorre su mejilla mientras mira las células por el microscopio. Recuerda los años en los que pedía huevos a los granjeros al amparo de hijos inexistentes; el sonido de los bombarderos al sobrevolar el cielo; las horas, días y semanas, que permaneció en el sótano de la casa bajo la luz del flexo; la cantidad de embriones extraídos del cascarón con agujas de coser; las patrullas de nazis por las calles; las horas de trabajo sin ningún resultado y el sonido de la radio con el anuncio del fin de la guerra. El mismo que ahora la trae de vuelta al laboratorio donde celebra lo que acaba de lograr.

Rosalind Franklin (1920-1958)

Química y cristalógrafa británica reconocida por sus contribuciones a la comprensión de la estructura del ADN. En 1945 obtuvo el doctorado en la Universidad de Cambridge. En 1951 empezó a trabajar en el King's College de Londres, donde estudió la difracción de rayos X de moléculas biológicas. Al año siguiente, realizó la fotografía más famosa de la biología: la foto 51. Una imagen de difracción de rayos X clave en la descripción de la estructura del ADN. En 1953, James Watson y Francis Crick proponen el modelo de la doble hélice del ADN basado, en parte, en el trabajo de Rosalind. En 1958 muere a causa de un cáncer de ovario, con 37 años, y cuatro años después Watson, Crick y Wilkins reciben el Nobel de Medicina. En el discurso de aceptación del premio no mencionaron a Rosalind. Watson, en su libro titulado *La doble hélice*[1], escribió acerca de ella: «Se abstenía deliberadamente de realzar sus cualidades femeninas. Aunque sus rasgos eran algo angulosos, no carecía de atractivo, y si hubiera prestado un poco más de interés a su modo de vestir habría resultado deslumbrante. Pero no lo hacía. Nunca había carmín en sus labios que contrastara con sus negros cabellos y, a sus treinta y un años, su atuendo no demostraba más imaginación que la de las adolescentes inglesas de medias azules».

La Rosy

Frunció el ceño al enfundarse el vestido que habían elegido para ella, ajustado en la cintura y generoso en el escote, miró con incredulidad la boina y las medias turquesa tan a la moda y reprimió un quejido cuando se alzó sobre los tacones que tanto estilizaban sus piernas. Contuvo la mueca de asco al perfilarse los labios color carmín y cogió los informes para la charla.

La sala estaba llena de hombres que, recostados en los bancos de madera, la miraban con lujuria. Cuando subió al estrado, el atril obstruía la imaginación de los asistentes, ya no era visible el contorno de sus curvas y dejó de ser el centro de atención. Con rabia lanzó los papeles al suelo y salió del aula. Escondida en el cuarto del bedel descubrió unos pantalones de pana anchos y una camisa holgada, se los puso; con un paño se limpió los labios. Desde ahora la tratarían como a un igual.

[1]Watson, J. 1994. La doble hélice. Salvate Editores, S.A. Página 7.

Esther Lederberg (1922-2006)

Microbióloga estadounidense reconocida por el descubrimiento del fago lambda. En 1942, obtuvo una beca para estudiar en el Hunter College, donde se graduó en bioquímica. En 1946, finalizó el máster en la Universidad de Stanford. Ese mismo año, tras casarse con el biólogo molecular Joshua Lederberg, comenzó el doctorado en la Universidad de Wisconsin. En 1950 aisló por primera vez el fago lambda, un virus que infecta bacterias y tiene dos ciclos uno en el que destruye la célula infectada y otro en el que integra su ADN en el genoma de la bacteria. Este descubrimiento ayudó a entender la regulación genética y la recombinación del ADN. En 1951, desarrolló una técnica llamada replicación en placa con terciopelo que permitió transferir colonias bacterianas de una placa de cultivo a otra sin alterar la disposición. Esta innovación sirvió para estudiar la resistencia a los antibióticos y seleccionar mutantes. En 1958 no la incluyeron en el Premio Nobel que recibió su marido, quien tampoco mencionó su papel en el discurso. Fundó y dirigió el Plasmid Reference Center entre 1976 y 1986.

La jardinera del Paraíso

Dejó todo preparado para los primeros habitantes. La hierba verde, recién cortada; árboles podados con enormes flores; liberó aves que proyectan arcoíris cuando el rocío les tocaba el plumaje; activó el sonido del agua que se entremezclaba con el canto de los jilgueros, y pulverizó el aire con olor a miel de abejas y resina de pinos. Rozaba la perfección. Pero decidió plantar dos manzanos: uno de frutos rojos, dulces, que, de ser consumidos, mantendrían la integridad de aquel lugar; y el otro, verdes, más ácidos que, de tomarlos, destruirían el idilio a cambio de conocimiento. Una tarde, mientras ajustaba el riego, fue ese el fruto que ofreció a la mujer que acababa de llegar.

Tomoko Ohta (1933-actualidad)

Genetista japonesa reconocida por su trabajo sobre la evolución molecular. Comenzó medicina por decisión de sus padres, pero tras suspender el primer examen, estudió agricultura en la Universidad de Tokio. Ante la dificultad de encontrar trabajo, aceptó un puesto como editora científica en Kyoritsu Publishing Company. En 1958 ingresó en el Instituto Kihara de Investigación Bioquímica, especializado en citogenética. En 1962, gracias a una beca Fullbright, se trasladó a Estados Unidos y cursó un posgrado en la Universidad Estatal de Carolina del Norte, donde profundizó en genética de poblaciones. En 1966 regresó a Japón y se unió al Instituto Nacional de Genética donde colaboró con Motō Kimura. Obtuvo un segundo doctorado por la Universidad de Kioto, ya que en Japón se valoraban más los títulos nacionales que los extranjeros. En 1973, propuso la teoría de la evolución molecular casi neutra que sostiene que muchas mutaciones tienen efectos tan pequeños que su permanencia depende más del azar que de la selección natural. Su trabajo desafió la idea de que fuera esta la única fuerza determinante en la evolución y ayudó a explicar la variabilidad genética. Su investigación fue fundamental para la genética de poblaciones, la evolución molecular y la bioinformática. Fue miembro de la Academia de Japón y recibió la Medalla Darwin-Wallace de la Linnean Society of London, uno de los reconocimientos más prestigiosos en biología evolutiva.

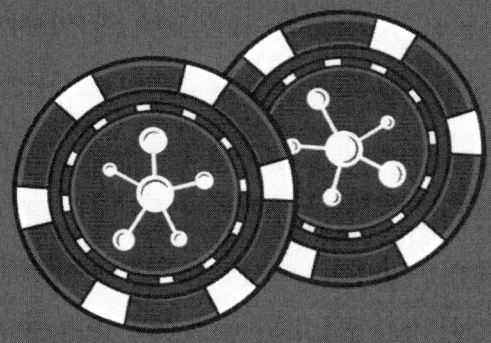

La tahúr

El crupier coloca las tres primeras cartas sobre el tapete. Tras una
cortina de humo, la única mujer en la mesa mira las suyas: un cuatro y
un as. A su alrededor, los jugadores aumentan las apuestas. La tensión
crece. Cuando le llega el turno, piensa en las probabilidades de cada
uno. Sin pestañear, arrastra unas cuantas fichas al centro. El crupier
añade una más, algunos desisten; ella continúa. Levanta la última
carta; los que quedan van y ella sin inmutarse iguala. Al revelar las
manos, uno de ellos se ve ganador hasta que ella destapa su póker
de ases.

Josefina Castellví (1935-actualidad)

Oceanógrafa y bióloga española, pionera en la investigación de la Antártida. Se licenció en Biología por la Universidad de Barcelona (UB) en 1957. Unos años después, se especializó en oceanografía en La Sorbona (Paris). En 1969 se doctoró por la Universidad de Barcelona. Durante el doctorado, llegó a sentirse discriminada porque decían que el trabajo que hacía no era para mujeres y no le permitían salir de expedición en los barcos. Tuvo que insistir mucho para que la dejasen ir una sola vez. En las siguientes ocasiones no volvió a pedir permiso. Al finalizar los estudios, Antoni Ballester, químico y oceanógrafo, confió en ella. En la década de los ochenta, fue una figura clave en la exploración y el estudio de la Antártida. En 1984 formó parte del primer grupo de científicos que viajaron al continente helado para solicitar al gobierno establecer allí una base española. Su participación fue fundamental para la instalación y apertura de la Base Antártica Española Juan Carlos I en 1988, de la que fue directora hasta 1994. Durante su extensa carrera publicó numerosos artículos científicos y recibió premios como: la Medalla de Oro de la Generalitat de Cataluña en 2003, el Premio Nacional de Cultura Científica en 2013, el Premio de la Sociedad Geográfica Española en 2014 y, en el 2015, la Medalla August Pi i Sunyer de la Facultad de Medicina de la UB. En 2013, Albert Solé dirigió un largometraje sobre ella titulado *Los recuerdos del hielo*. En una entrevista dijo: «Tengo que volver a oír la música del hielo».

La mujer de las nieves

Cuenta la leyenda que cuando los barcos de guerra trataban de tomar el continente blanco, una silueta femenina de grandes dimensiones surgía tras las montañas. Su rugido rompía en pedazos aquella tierra, que flotaban a la deriva e imposibilitaban el tránsito, y sus pisadas firmes levantaban una niebla que hacía imposible la visibilidad. Muchos encallaban, pocos conseguían escapar para contarlo.

Nadie logró conquistar aquel lugar. Aún permanece intacto, y tan solo el murmullo de los cristales helados junto a la respiración de su primigenia y única habitante, resuenan cuando los acaricia la luz del sol.

Lynn Margulis (1938-2011)

Bióloga estadounidense reconocida por su teoría sobre el origen de las células eucariotas. A los dieciséis años fue admitida en la Universidad de Chicago, donde se graduó. En 1960 acabó el máster en Zoología en la Universidad de Wisconsin. Se doctoró en Genética en 1965 por la Universidad de California, Berkeley. Tras varios intentos fallidos de publicar su artículo *On the Origin of Mitosing Cells*, al final lo consiguió en 1967. En este trabajo propuso que las células eucariotas se originaron a partir de la incorporación simbiótica de bacterias por otras células procariotas (endosimbiosis seriada). Con su trabajo postuló una teoría que daba respuesta a uno de los grandes dilemas de la biología: el paso de la célula procariota a la eucariota. Al principio su idea fue controvertida ya que establecía la cooperación como uno de los motores de la evolución, al contrario de lo que decía la teoría evolutiva darwiniana. Fue defensora de la Hipótesis de Gaia propuesta por James Lovelock en la que se postula que el planeta y su biosfera forman un sistema autorregulado, donde los organismos vivos y el entorno físico interactúan para mantener condiciones óptimas para la vida. En 1983 recibe la Darwin–Wallace Medal de la Linnean Society of London y en 1999 fue galardonada con la National Medal of Science de Estados Unidos.

La creadora de mundos

Cogió el taburete y pegó las manos y la punta de la nariz en el cristal para observar una vez más la vitrina de su abuelo. Mientras miraba los estuches de colores y se palpaba el bolsillo con la llave que acababa de robar, recordó: «Basta con ponerlas en una bolsita con un poco de tierra y brotará todo aquello que imagines, querida». No esperó más y abrió la puerta. Sujetó una caja, sopló el polvo y sacó una diminuta judía marrón, algo tosca. La puso en una maceta junto a un poco de tierra y la tapó. Al día siguiente no había crecido. Esta vez eligió una alubia verdosa más turgente y, junto a ella, enterró una parda.

Al despertar, un enorme árbol sostenía su casa en la copa. Desde la ventana vio que en cada rama vivían animales diferentes. A su lado colgaban zarigüeyas. Sonrió. Siempre quiso vivir en el bosque.

Margarita Salas Falgueras (1938-2019)

Bioquímica española reconocida por la identificación de la ADN polimerasa. Estudió Ciencias Químicas en la Universidad Complutense de Madrid. En 1961 empezó el doctorado bajo la dirección del español Alberto Sols. Se casó con uno de sus compañeros de laboratorio, Eladio Viñuela, lo que jugó en su contra porque en las reuniones su director solo se dirigía a él. Se doctoró en 1963 y, junto a su marido, se fue a Nueva York para realizar una estancia postdoctoral en el laboratorio de Severo Ochoa, premio Nobel de Medicina. Desde este momento su carrera dio un giro decisivo, profundizó en sus estudios sobre la síntesis de proteínas y empezó a trabajar en la capacidad del material genético de hacer copias de sí mismo (replicación del ADN). A su regreso a España, en 1967, emprendió una labor pionera en el Consejo Superior de Investigaciones Científicas (CSIC). Introdujo la biología molecular en el país y comenzó su investigación sobre el bacteriófago Phi29, modelo de estudio durante toda su carrera. Sus investigaciones sobre la replicación del ADN le valieron el reconocimiento internacional. Uno de sus hallazgos más importantes fue la identificación de la ADN polimerasa, enzima clave para la amplificación del ADN (a partir de cantidades mínimas de esta molécula, se obtienen millones de copias).

A lo largo de su carrera publicó más de trescientos cincuenta artículos científicos y formó a una nueva generación de investigadores. Fue la primera mujer en dirigir el Centro de Biología Molecular Severo Ochoa (CBMSO-CSIC-UAM) y en ocupar una silla en la Real Academia Española, y la primera española en formar parte de la Academia Nacional de Ciencias de Estados Unidos. Recibió el premio Príncipe de Asturias de Investigación Científica y Técnica. Fue una gran defensora de la ciencia básica.

La multicopista

Alzó la mano, pero el profesor la ignoró para darle la palabra a otro alumno. Al tercer intento, se levantó de la silla para gritar la solución. El maestro la miró de reojo mientras señalaba la pizarra. Tendría que escribir cien veces «No debo interrumpir en clase» antes de que finalizara la hora, si no, se quedaría sin recreo.

De espaldas a todos, sacó del bolsillo un pequeño artefacto con numerosos brazos que, desde su hombro, replicaba con exactitud cada palabra que ella escribía. Cinco minutos antes de la campana soltó la tiza y volvió a su sitio ante el asombro de sus compañeros.

CIENCIAS NATURALES
Y AMBIENTALES

Seguimos hablando en términos de conquista.
Aún no hemos madurado lo suficiente como
para considerarnos solo una pequeña parte de
un universo vasto e increíble.

RACHEL CARSON

Maria Sibylla (1647-1717)

Naturalista alemana reconocida por sus contribuciones a la entomología. Desde joven mostró gran interés por la naturaleza. Documentó y describió con detalle la metamorfosis de los insectos, hasta la fecha no había conexión entre las diferentes fases de sus ciclos de vida. Plasmó con precisión en las ilustraciones botánicas y entomológicas el ciclo de vida de los insectos y sus interacciones con las plantas hospedadoras. En 1679, publicó *Der Raupen wunderbare Verwandlung und sonderbare Blumennahrung* (La asombrosa transformación y alimentación singular de las orugas), uno de sus libros más destacados. En 1699 viajó con su hija más joven a Surinam donde ilustró mariposas tropicales. Tras contraer malaria regresó a Holanda, país donde vivió después de separarse de su marido. En 1705 publicó *Metamorphosis insectorum Surinamensium* (Metamorfosis de los insectos del Surinam). Su trabajo permitió abandonar la creencia de que los insectos surgían de forma espontánea de la materia y del lodo en descomposición, y avanzar en el conocimiento de la biología.

La emperatriz de las mariposas

Abrió la caja de gusanos de seda que trajo del colegio. Algunos comían las hojas de morera frescas; otros ya habían formado pequeños capullos. Afiló un lápiz y sacó las acuarelas. Mientras dibujaba se quedó dormida bajo la luz del flexo. Cuando despertó, su uniforme se había transformado en un par de alas de colores.

Jane Colden (1724-1766)

Botánica y naturalista estadounidense reconocida por su trabajo de la flora norteamericana. La educó su padre, quién tradujo para ella diversos libros de botánica del latín al inglés. No viajó mucho debido a su condición de mujer, solo recolectó en los alrededores y solicitó a amigos y vecinos que recogieran ejemplares para ella. Tenía un talento innato para la observación y la clasificación de plantas, recolectaba y registraba con todo detalle la flora local. Entre 1753 y 1758 realizó su trabajo más famoso, Manuscrito de Colden, donde describió, clasificó y dibujó unas 400 especies diferentes. Fue publicado póstumamente, en 1963. Además, recogió los usos medicinales y realizó impresiones de algunas de las hojas. Estableció contacto con los grandes naturalistas de la época, incluido Carlos Linneo, con el que difirió en la descripción de especies y órdenes. Fue autora de alguna descripción del *Species Plantarum* (1753) de Linneo, donde no fue citada en ningún momento. También describió especies vegetales nuevas que fueron publicadas por otros botánicos. Se conservan pocos de sus escritos, pero la flora de Nueva York está en el Museo Británico de Historia Natural. Asa Gray, botánico americano, la describió como «the first botanist of her sex in her country».

La Diosa todopoderosa

Entonces tomó a la mujer y la puso en el jardín para que lo cultivara y lo cuidara. Y la animó a probar el fruto del árbol que crecía en el centro del huerto, el del conocimiento del bien y del mal.

Jeanne Baret (1740-1807)

Botánica francesa conocida por ser la primera mujer en circunnavegar la Tierra. En 1766 se unió a la expedición liderada por Louis Antoine de Bougainville. Como las mujeres no tenían permitido subir en barcos de la marina, se disfrazó de hombre. Bajo el nombre de Jean trabajó como asistente del naturalista Philibert Commerson y ocultó su verdadera identidad durante casi todo el viaje de exploración hasta que llegaron a Tahití. Algunas fuentes dicen que fueron los propios habitantes de la isla quienes la descubrieron. Otras sugieren que pudo haber sido víctima de abusos sexuales por parte de los marineros. Como la expedición no podía regresar con una mujer a bordo, ella y Commerson desembarcaron en Isla Mauricio. Cuando él murió, se casó con un oficial francés para regresar a Francia en 1774. De vuelta a Europa trajo consigo unas treinta mil colecciones científicas. Durante el viaje descubrió la buganvilla y recolectó miles de muestras botánicas que fueron la base para la descripción de miles de especies nuevas para la Ciencia.

La reina del carnaval

La Plaza de San Marcos hervía de júbilo durante el desfile. Los tambores marcaban el paso y, desde los balcones, llovían pétalos sobre las jóvenes vestidas de doncellas venecianas. Entre ellas, una figura andrógina desentonaba. Con traje oscuro, ceñido, bordado con hilos dorados, y una máscara hipnótica, que atraía a todos los asistentes.

Cuando se apartó del bullicio, un grupo de hombres confundidos por su ambigüedad caminó tras ella. Escudados por el anonimato de la fiesta, uno le puso la mano encima. Ella le agarró el brazo y, de inmediato, todos cayeron al suelo. Entre espasmos y alaridos, sus cuerpos se deformaron hasta convertirse en cerdos. Los chillidos se perdieron con la música y ella, de nuevo, entre la muchedumbre.

Jeanne Villepreux-Power (1794-1871)

Naturalista y malacóloga francesa reconocida por inventar el acuario. En 1832 creó un recipiente de vidrio que le permitió observar los organismos marinos tanto en su estudio como en el propio entorno natural: el acuario. Esto fue un gran avance para la comprensión de la biología marina. Centró su trabajo en los moluscos, en concreto en el cefalópodo *Argonauta argo* o Nautilo de papel. Fue la primera en descubrir cómo este octópodo fabricaba su propia concha en lugar de obtenerla de otro animal (como los cangrejos ermitaños). Describió la naturaleza de Sicilia y propuso cómo conservarla. Repobló ríos capturando algunos ejemplares de peces y los alimentó hasta reintroducirlos al medio. Fue la única mujer miembro de la Academia de las Ciencias Naturales de Catania y corresponsal de la Sociedad Zoológica de Londres. Su trabajo sentó las bases para el desarrollo de la oceanografía y la biología marina.

La heroína mitológica

El rumor de que un animal legendario habitaba bajo el mar llegó a sus oídos. Sin avisar a nadie subió en su pequeña embarcación de madera y zarpó. En el horizonte, donde el sol saliente y el mar se unen, divisó unas criaturas enormes con colas de sirena. El espectáculo que le brindaron junto a sus cantos, casi le hacen perder el rumbo. En la oscuridad de la noche pensó en regresar, cuando unos reflejos bajo el agua llamaron su atención. Se tiró de espaldas y de inmediato, decenas de medusas iridiscentes flotaron a su alrededor. Entre las algas, distinguió a una criatura de ocho brazos. Con los pies removió la arena para esconderse y, con un leve gesto, la capturó en una caja de cristal.

Mary Treat (1830-1923)

Naturalista estadounidense reconocida por sus contribuciones a la botánica y la entomología. Nació en una familia de clase media y destacó por su capacidad de observación e interés por la naturaleza. A los treinta y nueve años publicó su primer artículo en la revista *The American Entomologist*. Para ganarse la vida, escribía artículos científicos, de divulgación y libros, y recolectaba plantas e insectos para otros investigadores. Mantuvo correspondencia con Charles Darwin, apoyó la Teoría de la Evolución e intercambió con él sus hallazgos sobre las plantas carnívoras (principalmente *Drosera* y *Utricularia*). Sus descubrimientos contribuyeron a las obras de Darwin (*Insectivorous plants*) y Francis Lloyd (*The Carnivorous Plants*). Ambos naturalistas reconocieron su papel. Por último, destacó por su habilidad para comunicar ciencia a un público más amplio (mujeres y niños), lo que la convirtió en una gran divulgadora.

La narradora de cuentos

Los sonidos que provenían del invernadero me despertaron. A hurtadillas me asomé por la rendija de la puerta y observé cómo las pequeñas plantas carnívoras duplicaban su tamaño al desperezarse. Cuando quise cerrar la puerta, una hoja alargada y cubierta de pelos pegajosos me atrapó. Mientras el resto alentaba a la cazadora, logré despegarme, pero aterricé sobre unas hojuelas aplanadas. Me creí a salvo hasta ver los dientes afilados que las adornaban. Despacio, evité rozarlos y, a punto de alcanzar la salida, me precipité a una maceta llena de agua. Acabé rodeada de unos tallos verdes que intentaban asfixiarme, entendí que cualquier movimiento jugaba en mi contra. Así que floté y me dejé llevar.

Maude Delap (1866–1953)

Bióloga marina irlandesa reconocida por su trabajo sobre medusas y anémonas. No tenía formación académica formal, pero se convirtió en una experta autodidacta en la observación y cría de organismos marinos. Fue la primera persona en identificar las distintas etapas del ciclo de vida de medusas como la medusa azul —*Cyanea lamarckii*— y aguamar —*Chrysaora hysoscella*—, además de criarlas en cautiverio y estudiar el comportamiento, alimentación y hábitos. Sus contribuciones a la biología marina valieron para que en 1906 le ofrecieran un puesto en la Estación Biológica Marina de Plymouth. Lo rechazó porque su padre dijo que ninguna hija suya saldría de casa a no ser que estuviera casada. Durante sus años de actividad intercambió correspondencia con Edward T. Browne, zoólogo británico. Le envió muestras y dibujos sobre sus hallazgos. Sus registros y observaciones sentaron las bases para futuros estudios en el campo de la biología marina.

La mujer cautiva

Permanecía inmóvil en el mar, como un cuerpo sin vida al vaivén de las olas, mientras observaba la vida bajo el agua. Las algas se mecían al son del oleaje, entre ellas los cangrejos ermitaños salían de sus conchas, los rodaballos se confundían con el fondo, algunas focas perseguían los bancos de arenques, los pulpos reptaban por las rocas y las medusas, de diversos colores, flotaban sin rumbo. Una de ellas, de color azul, quedó retenida alrededor de la corriente que formaba con los pies. Cuando alargó el brazo para tocarla, uno de los tentáculos la inmovilizó y atrapó en el mundo submarino.

Mary Agnes Chase (1869–1963)

Botánica estadounidense reconocida por sus trabajos en gramíneas, grupo que incluye cereales, pastos y cañas. Comenzó los estudios en la Universidad de Wisconsin, pero los abandonó para trabajar y ayudar a su familia. En 1903 se unió al Departamento de Agricultura de los Estados Unidos (USDA), donde colaboró con Albert Spear Hitchcock. Describió cientos de especies nuevas, recolectó más de cincuenta mil especímenes e hizo aportes clave al conocimiento de cultivos comerciales. Publicó numerosos trabajos, incluido el *Manual of the Grasses of the United States* (1935), que aún se utiliza hoy en día. Exploró la evolución y las interacciones planta-polinizador junto al entomólogo Charles D. Michener. Durante sus viajes, estimuló a muchas mujeres suramericanas a estudiar botánica. A las que decidían viajar a Estados Unidos, las ofreció su hogar denominado «Casa Contenta». Fue defensora activa de los derechos civiles de las mujeres, lo que puso en riesgo su estabilidad laboral. Participó en manifestaciones sufragistas, la encarcelaron en 1918 y 1919. En la segunda detención, realizó una huelga de hambre, que abortaron alimentándola a la fuerza. A lo largo de su carrera recibió varios reconocimientos. La nombraron doctora *honoris causa* por la Universidad de Illinois, conservadora honoraria del Smithsonian Institution (Washington D.C.) y miembro de la Linnean Society of London.

La casera contenta

La mansión de la colina albergaba una colonia de jovenzuelas. Los lugareños se acercaban a la verja, las acechaban, o lo que ellos decían: se alegraban la vista. Pasaban horas pegados a la cerca, acampaban, usaban prismáticos y, en ocasiones, cámaras de vídeo por si alguna despistada olvidaba su ropa al zambullirse en la piscina del jardín.

Una noche los campistas fueron atraídos por el dulce perfume del loto. Excitados por sus pensamientos, entraron. Una anciana esperaba, de espaldas, mientras tejía canesús sobre una mecedora. Detrás de ellos la puerta se cerró con un golpe seco. Al amanecer sus cuerpos serían los nuevos maniquíes.

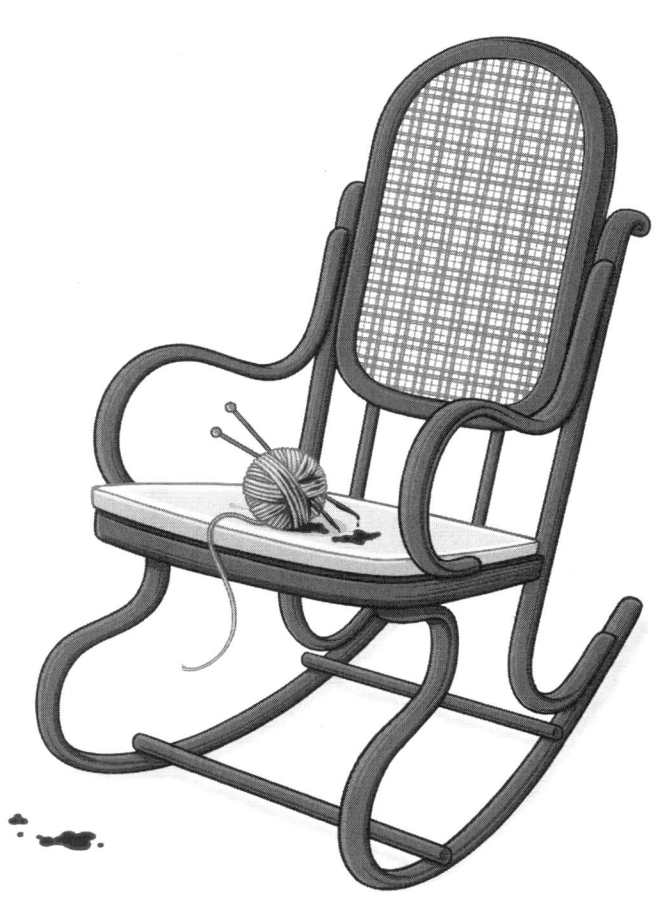

Ynes Enriquetta Julietta Mexía (1870-1938)

Botánica y exploradora mexicana-estadounidense reconocida por sus contribuciones al conocimiento de la flora latinoamericana. Tuvo una vida turbulenta e inestable por problemas familiares y personales. A los cincuenta y un años decidió estudiar Ciencias Naturales en la Universidad de California (Berkeley). Fue una estudiante poco convencional, mujer treinta años mayor que el resto de los alumnos e hispana. Durante la carrera fue alumna de Alice Eastwood, conservadora del herbario de la California Academy of Sciences, quien la enseñó a recolectar, a prensar y a conservar plantas, también que la botánica requiere paciencia, cuidado y tiempo. Asistió a varias expediciones en grupo organizadas por la Universidad, pero a partir de 1925 decidió hacerlas sola. Recorrió el continente desde Alaska hasta Argentina, en siete viajes muy productivos. Recolectó más de ciento cuarenta y cinco mil especímenes y descubrió cerca de quinientas especies nuevas, muchas de las cuales fueron nombradas en su honor, como *Mexianthus mexicanus*. Se convirtió en una de las recolectoras más destacadas de América Latina y, aunque su carrera duró poco, fue muy activa.

Fue una mujer independiente que viajó sola sin la compañía ni la autorización de un hombre, vestía pantalones, montaba a caballo y dormía al aire libre, todo considerado antifemenino. Creía que no había un lugar en el mundo en el que las mujeres no pudieran aventurarse.

La arriera

Llevan varias horas dando vueltas en circulo entre la espesura. Con su cuaderno y las gafas de vista cansada, lidera la fila de hombres, que jadean mientras ella avanza ágil entre lianas y ramas. Ante los quejidos y los lamentos, sube el ritmo. Algunos logran alcanzarla, otros van quedando atrás. Comienza a andar en zigzag para deshacerse de la carga que llevaba tras ella y, en uno de los requiebros, se separa del resto del grupo. En el siguiente, encuentra una senda. Mira atrás y no ve a nadie: la selva se los había tragado. Al fin respira tranquila.

Joan Beauchamp Procter (1897-1931)

Herpetóloga británica reconocida por sus contribuciones al estudio de los reptiles. De niña tuvo una gran colección de serpientes y lagartijas. El conocimiento que tenía llamó la atención de George Boulenger, uno de los biólogos más reconocidos de la época. En 1923 la nombraron conservadora de reptiles del Zoológico de Londres, fue la primera mujer en ocupar este cargo. En 1927 se inauguró la Casa de Reptiles que ella misma diseñó y que aún perdura en la actualidad. Se convirtió en un modelo para el resto del mundo por su enfoque en la recreación de los hábitats naturales de los reptiles. Estudió y cuidó dragones de Komodo en cautiverio. Mejoró la comprensión de su biología y comportamiento. Estableció una relación muy cercana y poco convencional con el primer ejemplar de dragón que entró en el zoo, al que paseó con una correa por el recinto. Esto demostró su habilidad y afinidad con los reptiles. Escribió varios artículos científicos y de divulgación. Tenía una gran habilidad para comunicar ciencia a diferentes públicos.

La princesa comprometida

Hacía meses que nadie acudía a rescatar al príncipe, ni siquiera por la recompensa tan suculenta que su padre, el rey, había ofrecido a la que lograse sacarlo de allí.

Hasta aquella noche en la que escuchó un sonido metálico, como si alguien con armadura hubiera descendido a la gruta. Golpeó las piedras y gritó para guiar, con el eco, a su heroína. A pesar del alboroto nadie apareció, ni siquiera su guardián, la bestia alada.

En el suelo de la estancia, donde se posaba la luz de la luna, vio reflejada la silueta de una amazona de largos cabellos surcando el cielo sobre el dragón.

Rachel Carson (1907-1964)

Bióloga marina y naturalista estadounidense reconocida por su lucha por la conservación ambiental. Obtuvo el máster en Zoología por la Universidad Johns Hopkins de Baltimore. No pudo realizar el doctorado por problemas familiares y falta de financiación. Escribió artículos y libros sobre ciencia en la Oficina de Pesca de los Estados Unidos. En 1951 publicó *El mar que nos rodea*, pero el libro que recibió reconocimiento mundial fue *Primavera silenciosa* (1962), donde denunció los efectos catastróficos de los pesticidas, especialmente del Dicloro Difenil Tricloroetano (DDT), en el medio ambiente. Su obra inspiró el movimiento ecologista moderno y llevó a la prohibición del DDT en Estados Unidos. Esto fue el comienzo de la conciencia global sobre la toxicidad de los productos químicos. A pesar de las críticas y la oposición de la industria química, se convirtió en una figura de la lucha por el medio ambiente.

La activista

Mientras camina por el campo las aves dejan de cantar, las mariposas ya no aletean en el aire y las abejas, no zumban al acercarse a las flores. Los osos no rugen ni los lobos aullan. Ni siquiera las plantas titilan al recibir el rocío de la mañana. Las hojas de los árboles renuncian a bailar con el viento y el agua apenas causa murmullo al pasar por el valle. Se arrodilla y toca la tierra. Siente sus llantos, su latido agonizante, un corazón que se apaga. Se seca las lágrimas y, con decisión, entrega sus manos y voz a la naturaleza.

FÍSICA Y QUÍMICA

¡No quiero tener nada que ver con una bomba!
LISE MEITNER
(respuesta a la invitación a participar en el Proyecto Manhattan)

María la Judía (entre s. I-III d.C.)

Alquimista nacida en Alejandría, Egipto. Se desconoce gran parte de su vida, pero se le atribuye un papel en el origen de la alquimia occidental y se la considera una de las primeras mujeres científicas. En el siglo IV, Zósimo de Panópolis la describió como una de las mentes más brillantes en el desarrollo de técnicas químicas y herramientas experimentales. En el siglo VIII, Jorge Sincelo, cronista bizantino, la citó en su catálogo de los alquimistas más famosos, al igual que el árabe Al-Nadim, en el siglo IX, que la reconoció como la primera alquimista. Fue autora de varios escritos que, posiblemente, se perdieron tras el incendio de la biblioteca de Alejandría en el año 273 y el decreto contra la alquimia de Diocleciano en el 296. Inventó el *kerotakis*, un aparato hermético utilizado para sublimar sustancias y captar vapores; el baño maría, un sistema de calentamiento indirecto con agua para controlar de forma precisa la temperatura; y el *tribikos*, un objeto para destilar y separar líquidos de los residuos no volátiles. Estudió la obra del alquimista persa Ostanes y tuvo un discípulo conocido como Agathodaímōn. Trabajó con todo tipo de elementos y categorizó el mercurio como venenoso. No existen registros sobre su muerte, pero la toxicidad de los materiales que usaba pudo ser una de las causas.

La primera bruja

Corría el rumor de que una forastera de pelo oscuro y ojos claros recién llegada pelaba serpientes y sapos de los que extraía sus venenos; que exhumaba tumbas para cocer los huesos en un caldero de latón y que usaba un idioma ininteligible a la vez que transformaba la piedra en oro.

Una noche los lugareños cogieron las antorchas y fueron en su búsqueda. Solo encontraron a un hombre de pelo negro y ojos cristalinos calentando, en agua, unos brebajes.

Marie-Anne Pierrette Paulze-Lavoisier (1758-1836)

Química francesa reconocida por su colaboración con Antoine Lavoisier, padre de la química moderna. Recibió una educación excelente en artes y ciencias. Con casi catorce años, pidió su mano el conde de Amerval, que la triplicaba en edad. Pero su padre intervino para casarla con Antoine Lavoisier, de veintiocho años. Trabajó junto a él en el laboratorio. Aprendió inglés y latín para traducir los grandes tratados de química de la época sobre combustión. Sus traducciones con anotaciones críticas sirvieron para desmontar la teoría del flogisto (toda sustancia combustible contenía un componente invisible y ligero, que se liberaba al aire al arder). Esto dio pie a la nueva Teoría del Oxígeno y al descubrimiento de este elemento. Ilustró con detalle los experimentos que realizaban en el laboratorio y aportó sus ideas en *Método de Nomenclatura Química* y en el *Tratado elemental de química*. En ninguna de ellas apareció su nombre. En 1794, durante la Revolución francesa ejecutaron a Antoine y ella permaneció presa un tiempo. En 1805 publicó *Memorias de Química*, una recopilación de los trabajos de su marido para asegurar su legado a la ciencia. Se la conoce como la «madre de la química moderna».

La mujer combustible

Nos mata el oxígeno. Morimos porque al respirar nos quemamos.

Manuel Vicent

Por el día sacudía las ramas de los árboles, agitaba las hojas y como una bocanada de aire fresco la inhalaban los peces en el agua. En la pradera soplaba suave para sujetar las cometas de los niños en el cielo. Cuando se adentraba por las calles estrechas del pueblo silbaba, pero nada ni nadie se percataba de su presencia. Al caer la noche se filtraba por la rendija de la ventana para susurrar en el oído de su amado mientras dormía. Esta vez esperaba despierto con una vela encendida. La llama descubrió su rostro frente a él.

Marie Curie (1867-1934)

Física polaca reconocida por su trabajo sobre la radiactividad. A los veinticuatro años se fue a París a estudiar Física y Matemáticas en la Universidad de la Sorbona. En 1906, tras la muerte de Pierre Curie, su marido, continuó su investigación en solitario. Se convirtió en la primera mujer profesora de la Sorbona y en la primera persona en ganar dos Premios Nobel en diferentes disciplinas: Física en 1903, por sus investigaciones sobre la radiactividad y Química en 1911, por el aislamiento del polonio y el radio. Su trabajo tuvo un gran impacto en medicina. Durante la Primera Guerra Mundial, creó unidades móviles equipadas con rayos X conocidas como «ambulancias radiológicas». Estos vehículos permitían detectar fracturas óseas y fragmentos de bala en los soldados heridos en el campo de batalla, lo que mejoró las tasas de supervivencia. Formó a otras mujeres para operar estos aparatos, lo que representó un paso hacia su inclusión en el ámbito científico y médico.

Falleció en 1934 debido a una anemia aplásica, posiblemente relacionada con la exposición a la radiación. En la actualidad existen unas ayudas de investigación, establecidas por la Unión Europea en 1996, llamadas Marie Skłodowska-Curie Actions.

La curandera ambulante

Viajaba por el mundo en un carro de madera adornado con vasijas de colores que tintineaban al paso del caballo. El choque de los recipientes tejía una dulce melodía que atraía a los lugareños enfermos. Salían de sus escondrijos en busca de algo que aliviara su alma, calmara su sed y apaciguara su dolor. Abría las puertas para ofrecerles una infusión de hierbas. Cuando se sentaban frente a ella, se quitaba la tela que cubría sus ojos cristalinos que disolvían los males al instante. Pero cuanto más sanaba a los demás, más se consumía ella.

Mileva Marić (1875-1948)

Matemática y física serbia reconocida por ser la primera mujer de Albert Einstein. Por el apoyo de su familia pudo acceder a una educación más avanzada que la de muchas niñas de su tiempo. Estudió Física en la Escuela Politécnica Federal de Zúrich, una de las pocas universidades que admitían mujeres. Fue una estudiante brillante, pero no llegó a licenciarse, porque se quedó embarazada de Einstein, con quien mantuvo una relación amorosa y una intensa colaboración intelectual. En 1903 se casaron, pero el matrimonio se deterioró con los años. Einstein impuso reglas estrictas de convivencia[1] y se divorciaron en 1919. Como parte del acuerdo, ella recibiría el dinero de cualquier premio que él obtuviera por sus publicaciones, lo que ocurrió en 1921 cuando recibió el Nobel de Física. Tras la separación, su carrera científica se desvaneció y sufrió problemas de salud mental al ritmo que la creatividad de Einstein disminuía. Existen indicios de que Mileva le ayudó a desarrollar algunas de las ideas más revolucionarias, entre ellas la teoría de la relatividad especial[2], así como otros trabajos. A su muerte, Otto Nathan, albacea de Einstein, hizo desaparecer documentos y cartas que podrían haber arrojado luz sobre su papel en esas ideas fundamentales. Además, la Universidad Politécnica de Zúrich retiró su proyecto de tesis, lo que podría haber sido la prueba de su participación en la teoría de la relatividad.

---

[1] *Tú debes velar por lo siguiente: A. 1. Que mi ropa esté limpia y en buen estado, 2. Que cada día esté servido con tres platos en mi habitación, 3. Que tanto mi dormitorio como mi habitación de trabajo estén siempre limpios y, especialmente, que mi escritorio esté sólo a mi disposición. B. Tú renunciarás a toda relación personal conmigo, excepto cuando lo requieren los eventos sociales. Particularmente te prohíbo lo siguiente: 1. Que esperes cualquier muestra de afecto de mí, 2. Que no respondas inmediatamente a cualquier pregunta que haga...*
(carta de Einstein a Mileva Marić)

[2] *Seré muy feliz y estaré muy orgulloso cuando concluyamos victoriosamente nuestro trabajo sobre el movimiento relativo* (carta de Einstein a Mileva Marić)

[1] [2]Djurdjevic, M. (2008) Mileva Einstein-Marić (1875-1948): Hacia la recuperación de la memoria científica. *Brocar* 32 (2008) 253-274.

Matrimonio de horror

A Juan José Arreola

La mujer que amó se convirtió en fantasma. Él era el lugar de sus apariciones.

Lise Meitner (1878-1968)

Física austriaca de origen judío pionera en investigación nuclear. Comenzó su carrera en la Universidad de Viena donde se doctoró en 1906. Se trasladó a Alemania en 1907 para asistir a las clases de Max Planck, padre de la mecánica cuántica. En Berlín empezó su fructífera colaboración con el químico alemán Otto Hahn. Ambos, durante años, investigaron la radiactividad y la física nuclear. En la década de los 30, descubren la fisión nuclear: reacción en la que el núcleo de un átomo pesado se divide en dos o más núcleos. A principios de 1938, justo antes del gran hallazgo, Lise se ve obligada a huir de Alemania ante el empeoramiento de la situación y tras un viaje en la clandestinidad se establece en el instituto Seigbahn de Suecia. Aún exiliada sigue colaborando con Hahn a través de cartas. A finales de 1938 recibe una con el resultado de los últimos experimentos con uranio. Lise le responde con su interpretación y en enero de 1939 Hahn la excluye de la publicación por miedo a mostrar su colaboración con una judía. No obstante, ella envía sus conclusiones a la revista *Nature*. En 1944, a pesar de su papel esencial en el descubrimiento, fue excluida del Premio Nobel de Química. Antes le ofrecieron participar en el proyecto Manhattan que rechazó para no verse involucrada en el desarrollo de la bomba nuclear. Aunque no tuvo el reconocimiento por parte de la Real Academia de las Ciencias de Suecia, a lo largo de su vida recibió múltiples premios y honores por su contribución a la ciencia. En su tumba quedó grabada la inscripción: *A physicist who never lost her humanity.*

La mujer que no perdió su humanidad

En la aldea la noticia se extendió como el fuego en un campo de trigo: hoy llegaba la profeta. Una muchedumbre famélica salió de sus casas y corrió a buscarla. Todos querían sentarse a su alrededor para escucharla. Mientras permanecían en corro, el sol se ponía y delineaba en el suelo el contorno de los cuerpos esqueléticos y los abdómenes hinchados de los niños. Uno de ellos se le acercó y le ofreció un trozo de pan duro y una raspa de pescado. Agradecida lo cogió y, sin hablar, acarició la cara del pequeño al que se le sonrosaron las mejillas. Escondió en sus puños los restos de lo que algún día fue comida, sopló y abrió las manos ante la mirada brillante de los críos. Arrojaron al suelo el chusco de pan que roían y recibieron a cambio una hogaza y una trucha cada uno.

Alice Ball (1892–1916)

Química afroamericana estadounidense reconocida por el desarrollo de un tratamiento efectivo para la lepra. En 1915 se graduó en Química Farmacéutica en la Universidad de Washington y, después, realizó el máster en Química en la Universidad de Hawái. Se convirtió en la primera mujer y en la primera afroamericana en obtener un título de máster. Allí la contrataron como profesora y comenzó a investigar las propiedades químicas de las plantas nativas hawaianas. Trabajó en el tratamiento para la enfermedad de Hansen (lepra), ya que durante siglos se había utilizado el aceite que se extraía de las semillas del árbol conocido como Chaulmoogra (*Hydnocarpus wightianus*) para tratarla. El éxito en el tratamiento de la enfermedad resultaba bajo, debido a la viscosidad, y los métodos de aplicación provocaban efectos secundarios. Ball logró extraer los principios activos del aceite, hizo que fueran solubles en agua y creó una versión inyectable y eficaz para aliviar a los pacientes que sufrían la enfermedad. Su método se conocía como «Método Ball». Y aunque no servía como cura definitiva, resultó una terapia de éxito que se utilizó hasta los años cuarenta. Salvó numerosas vidas y cambió de forma radical la percepción de esta enfermedad.

Murió muy joven, a los 24 años, posiblemente por inhalación de gases tóxicos en el laboratorio. Durante décadas se le acreditó el trabajo a Arthur Dean, quién intentó bautizar el descubrimiento como «Método Dean». El doctor Harry Hollman redirigió la atribución hacía ella. En el año 2000 la Universidad de Hawái erigió una placa en su honor y el día 29 de febrero fue declarado el «Día de Alice Ball».

San Alice, versículo 1: 40-45

Al entrar en la aldea, le salieron al encuentro cuatro hombres leprosos. Recibieron su palabra, partieron apresurados, y mientras caminaban, sus cuerpos comenzaron a sanar. Uno, atónito por el milagro, regresó. Se postró a sus pies. Al agacharse hacia él, observó las huellas que dejaron atrás los que se habían ido y se preguntó por qué solo uno volvía para agradecer.

Dorothy Crowfoot Hodgkin (1910-1994)

Química británica reconocida por su trabajo en cristalografía de rayos X. Estudió Química en la Universidad de Oxford en 1927, cuando el centro solo admitía una mujer por cada cinco hombres. No obstante, realizó la carrera entre 1928 y 1932 y destacó por su habilidad en Matemáticas y Física. Hizo el doctorado en la Universidad de Cambridge bajo la dirección de John Desmond Bernal, cristalógrafo. Centró su trabajo en la determinación de estructuras moleculares mediante técnicas de difracción de rayos X. En 1934 regresó a Oxford después de finalizar el doctorado. Descifró la estructura de numerosas biomoléculas como el colesterol (1937), la penicilina (1945) y la vitamina B12 (1954). Entró en la Royal Society of London en 1947 que, con casi trescientos años de historia, era la tercera vez que admitía a una mujer. En 1964, recibió el Premio Nobel de Química por sus contribuciones a la cristalografía de rayos X. Cuando recibió el galardón, el *Daily Mail* publicó la noticia con este titular «Oxford housewife wins Nobel». Su hito más relevante fue decodificar la estructura de la insulina en 1969, lo que le llevó 34 años de trabajo, pero fue crucial para comprender el funcionamiento de esta molécula y tratar la diabetes. Su personalidad captó a otras mujeres, entre ellas a Margaret Thatcher que fue su alumna. Su amabilidad y brillantez la hicieron ganarse, entre los suyos, el apodo de «Gentle genius».

La *genia* de la lámpara

Era el enésimo castillo que le destruían a Maggie. Con rabia clavó de nuevo la pala en la arena hasta que encontró una pequeña tetera. La sacó y se acercó al agua para limpiarla. Brillaba. La levantó hacia el cielo mientras su sonrisa se reflejaba en la superficie metálica. Tras frotarla varias veces, emergió un ente etéreo con mandil estampado y guantes de fregar que, al ver el castillo derruido, cogió un pedazo de nube, unos granos de arena, un poco de agua salada y le pidió a la niña uno de sus cabellos dorados. Giró las manos a gran velocidad envolviéndose en un ciclón de materia para forjarle una armadura y un corazón de hierro.

Anna Mani (1918-2001)

Física e ingeniera india reconocida por sus contribuciones en el campo de la meteorología. Estudió física en el Presidency College (Chennai) y más tarde, obtuvo una beca para ingresar en el prestigioso Indian Institute of Science. Trabajó en espectroscopía de diamantes y rubíes bajo la dirección del nobel en física Chandrasekhara Raman. Dedicó a su investigación unas dieciocho horas al día, y los resultados vieron la luz en cinco artículos científicos. En 1945 presentó la tesis en la Universidad de Madras, pero no le concedieron el doctorado porque no tenía el título de máster. Continuó su formación en el Imperial College (Inglaterra) gracias a una beca del Gobierno. Allí se formó en meteorología e instrumentación climatológica. En 1948 se unió al Indian Meteorological Department (IMD). Diseñó, fabricó y mejoró instrumentos meteorológicos (radiación solar, humedad, velocidad del viento, etc.). En los años sesenta estudió el ozono mediante la invención de un aparato que medía este gas en la atmósfera. La nombraron directora del Departamento de Instrumentación del IMD, y se convirtió en una de las primeras mujeres en alcanzar un puesto de liderazgo. Ayudó a establecer una red de estaciones meteorológicas en la India que facilitó el estudio de los monzones, cruciales para la agricultura y la economía del país. Recibió la Ramanathan Medal en 1987, una de las distinciones más prestigiosas de la India y fue miembro de la Indian National Science Academy.

La algodonera

Aún recuerdo el año sin lluvias. Durante días bailamos alrededor de la hoguera por las noches, rezamos a todos dioses y, los mayores, sacrificaron ganado como ofrenda. Pero la abuela, en tan solo dieciocho horas, desató la tormenta perfecta. En su nueva máquina, que giraba a una velocidad endiablada, mezcló azúcar, remolacha en polvo y un poco del agua embotellada que guardaba. Con un palo recogía las hebras de seda y tejía hasta formar nubes de color rosa. Las ahuecaba un poco y las sacaba por la ventana.

La lluvia no solo sació la tierra, sino que los cultivos florecieron, los lichis lucían más rosados que nunca y hasta llegaron rumores del avistamiento de delfines rosas en los ríos de Suramérica.

Katherine Johnson (1918-2020)

Matemática y física estadounidense afroamericana reconocida por sus contribuciones a las misiones espaciales de la NASA en los años 60. A los quince años ingresó en la Universidad Estatal de West Virginia. En 1937, a los dieciocho, se graduó en matemáticas y francés. En 1939, fue una de las primeras mujeres negras en ser admitida en un programa de posgrado después de que la Corte Suprema de EE. UU. dictaminara que las universidades públicas debían aceptar estudiantes afroamericanos. En 1953 comenzó su carrera profesional en la NASA, entonces conocida como NACA. Al principio no podía asistir a reuniones, pero tras asesorarse legalmente sobre su exclusión, logró ser incluida. Calculó la trayectoria de varios vuelos espaciales, entre ellos el Mercury-Redstone 3, que llevó a Alan Shepard al espacio, y la misión Friendship 7, en la que John Glenn se convirtió en el primer estadounidense en orbitar la Tierra. Glenn confió en ella la verificación de los cálculos de la computadora antes del vuelo. También participó en el programa Apolo, realizando los cálculos clave para que el Apolo 11 pudiera sincronizar el módulo lunar con el orbital. Su trabajo también ayudó al regreso seguro de la tripulación del Apolo 13 tras el problema técnico que sufrió la misión. En 2015, recibió la Medalla Presidencial de la Libertad, el mayor honor civil en EE. UU. Un año después, la película *Hidden Figures* visibilizó su historia y la de sus colegas Dorothy Vaughan y Mary Jackson.

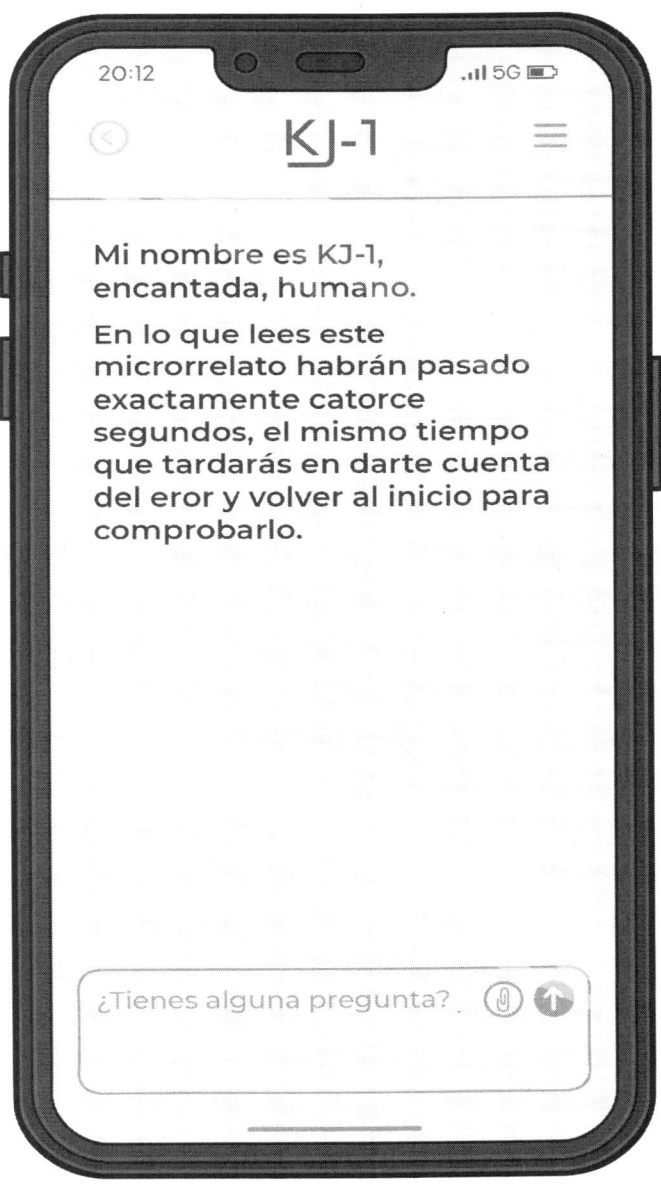

20:12 .ıll 5G 🔋

KJ-1

Mi nombre es KJ-1, encantada, humano.

En lo que lees este microrrelato habrán pasado exactamente catorce segundos, el mismo tiempo que tardarás en darte cuenta del eror y volver al inicio para comprobarlo.

¿Tienes alguna pregunta?

Stephanie Kwolek (1923-2014)

Química estadounidense reconocida por el descubrimiento del kevlar, una fibra sintética ultrarresistente utilizada en chalecos antibalas, cables, aviones y otras aplicaciones. Desde pequeña quiso ser médica para salvar vidas, pero su vida dio un giro cuando encontró trabajo en la compañía química DuPont. En 1946 se graduó en química en el Margaret Morrison Carnegie College. Desarrolló una carrera de 40 años en el laboratorio de fibras textiles y durante los años sesenta, trabajó en el desarrollo de polímeros para fabricar neumáticos resistentes y livianos. En 1965, mientras experimentaba con nuevas soluciones químicas, notó que una tenía un aspecto opaco y fluido, diferente a lo esperado. En vez de descartarla, la procesó y obtuvo una fibra fuerte y ligera. Así nació el *kevlar*, un material más resistente que el nylon e incluso que el acero, pero muy ligero. El impacto de este material fue enorme y DuPont comenzó a comercializarlo en 1972. Ella nunca recibió regalías por la invención, pero obtuvo reconocimiento internacional por su contribución.

Fue la cuarta mujer en ingresar al National Inventors Hall of Fame; recibió la Medalla Perkin y la Medalla Nacional de Tecnología. En 1986, después de jubilarse, dedicó su tiempo a inspirar a jóvenes científicas y promover el papel de las mujeres en la química.

Kevlargirl

No le había dado tiempo a probar el nuevo superpoder cuando las sirenas antiaéreas volvieron a sonar. Mientras corría al bunker vio la cara de horror de la gente, las casas volar en pedazos y los niños llorar sin consuelo. Se detuvo. Agarró uno de los postes de luz que aún quedaban en pie y se dejó llevar. El aire estiró su cuerpo, dúctil como una bandera, y una vez cubierta la ciudad, aferró la otra mano al tronco de un árbol de un parque en la periferia. Cuando los bombarderos soltaron la munición, esta rebotó y cayó sobre ellos.

GEOLOGÍA Y PALEONTOLOGÍA

Deberías saber con cuántos hombres incompetentes
tuve que competir en vano.
INGE LEHMANN

Martine Bertereau (1600-1642)

Mineralogista francesa reconocida por explorar y documentar yacimientos minerales por Europa. De joven recibió formación en química, mecánica e ingeniería minera. Se casó con Jean du Châtelet, barón de Beausoleil, ingeniero y experto en minas. Viajó por Europa en busca de yacimientos minerales junto a su marido. Utilizó métodos avanzados como la observación geológica, el análisis del agua y el uso de instrumentos de medición. Participó en la prospección de minerales y documentó sus hallazgos y las técnicas. En 1640 publicó *La Restitution de Pluton*, un poema dirigido al cardenal Richelieu, en el que detalló los métodos e instrumentos que utilizaban; expresó el interés en devolver la riqueza del suelo al pueblo y al rey y solicitó financiación para la explotación de las minas. Sin embargo, sus esfuerzos no fueron bien recibidos. La acusaron de brujería, algo común contra mujeres que destacaban. En 1642 la Inquisición la arrestó, también a su marido. A ella la encarcelaron en la Fortaleza de Vincennes, donde se cree que murió.

La mujer en llamas

Her kind (Anne Sexton, 1960)

Atada de pies y manos, espera en la hoguera mientras grita a sus
verdugos:
«He buscado las vetas ocultas de la tierra,
las he llenado de brújulas, crisoles, martillos,
compases, frascos, cuadernos de campo;
he preparado las cenas de topos y gnomos,
cavado, siguiendo el curso del agua.
A una mujer así nadie la comprende.
Yo he sido de esas».
El fuego acalla su voz y consume su cuerpo.

Mary Anning (1799-1847)

Paleontóloga inglesa reconocida por sus descubrimientos de fósiles marinos. Creció en Lyme Regis (Dorset, Reino Unido), conocida como la Costa Jurásica. Provenía de una familia protestante y pobre. De niña, su padre la enseñó a buscar y limpiar fósiles. En 1811, con doce años, destapó un animal con apariencia de pez y cuerpo de cocodrilo, el primer ictiosaurio. En el pueblo se corrió el rumor de que había descubierto un monstruo. Unos años después, en 1823, encontró el esqueleto completo de un enorme reptil marino, un plesiosaurio. La comunidad científica dijo que era un ejemplar falso y hasta Cuvier, el padre de la Paleontología, dudó del hallazgo. Y en 1828 reveló un espécimen de reptil volador (pterosaurio). No pudo publicar y recibió escaso reconocimiento aunque los científicos y geólogos de la época usaron sus ideas y descubrimientos para sus trabajos. A la comunidad científica le costó admitir que una mujer de clase baja tuviera su nivel de conocimiento y habilidades. Nunca la admitieron en la Sociedad Geológica de Londres. Hoy en día es considerada una pionera de la Paleontología.

La coleccionista de huesos

No paró de pensar en el cráneo que había visto bajo la arena blanca en la costa. Durante la cena no articuló palabra, aunque sus padres se dirigieran a ella. A la mañana siguiente, sin esperar al desayuno, cogió la pala y un cepillo y se fue a la playa. Despacio, con la escobilla, retiró uno a uno, los granos de arena. Cada partícula de sílice que apartaba, su mirada se iluminaba más: una vértebra, dos, tres, cuatro... Hasta que de su mano emergió un monstruo marino de dimensiones jamás antes vistas.

Florence Bascom (1862-1945)

Geóloga estadounidense reconocida por sus estudios sobre petrográfia y geomorfología. Su padre, presidente de la Universidad de Wisconsin y defensor de la educación femenina, facilitó que recibiera formación académica. Se graduó en Ciencias por la Universidad de Wisconsin-Madison y en 1893 obtuvo el doctorado en Geología por la Universidad Johns Hopkins. Dado que no admitía mujeres, para poder asistir a las clases se sentaba detrás de una cortina para no distraer a sus compañeros. Se especializó en el estudio de rocas ígneas y metamórficas, además del análisis petrográfico mediante microscopía. También investigó la geomorfología de la Tierra y su evolución, sobre todo de la región de los Apalaches.

En 1895, fundó el programa de Geología en el Bryn Mawr College, que se convertiría en uno de los principales centros de formación geológica para mujeres en Estados Unidos. Fue la primera mujer en unirse al United States Geological Survey y la segunda en formar parte de la Sociedad Geológica de América.

La mujer pétrea

Las luces se apagaron y el foco alumbró a una silueta femenina tras un velo de seda en el escenario. Las manos revoltosas acariciaban dos pechos prominentes y los dedos jugaban para enredarse entre los rizos que se delineaban con la luz. Un sujetador de plumas junto a dos guantes negros cayeron sobre los espectadores que, sin camiseta, lanzaban montones de billetes sobre la tarima. Cuando se levantó la tela, asomó una criatura con la cabeza cubierta de serpientes que los convirtió en piedra.

Inge Lehmann (1888-1993)

Sismóloga danesa reconocida por su contribución a la comprensión de la estructura interna de la Tierra. En 1920 se graduó en Matemáticas por la Universidad de Copenhague. En 1925 se convirtió en asistente del sismólogo Niels Erik Nørlund, director del Instituto Geodésico Danés. Durante el periodo de asistente estableció estaciones sismológicas en Groenlandia y Dinamarca. En 1927 asistió a una reunión de la International Union of Geodesy and Geophysics en Praga, donde se encontró con Beno Gutenberg, sismólogo alemán, y Harold Jeffreys, geofísico inglés. Discutieron sobre la medición del tiempo de viaje de las ondas sísmicas en el interior de la Tierra. En 1928 la nombraron jefa del departamento de sismología del Instituto Geodésico, puesto que ocupó hasta 1953. En 1936 analizó datos sísmicos de terremotos y descubrió que existía un núcleo interno sólido rodeado por un núcleo externo líquido. En la actualidad su apellido da nombre al límite entre ambas capas, la discontinuidad de Lehmann a cinco mil cien kilómetros de profundidad. Su hallazgo desafió las teorías sobre la composición del plantea hasta la fecha y sentó las bases de la geofísica moderna. Fue la primera mujer en recibir la Medalla William Bowie, máxima distinción de la Unión Geofísica Americana.

La lectora de Julio Verne

A Almudena Grandes

Caminaba por la calle cuando sintió un temblor bajo sus pies. Otro. Se pellizcó, era real. Una más. Las siguió. La llevaron a una gruta en la falda de la montaña y, sin pensarlo, se dejó caer por la pendiente. Al levantarse, se encontró rodeada de acantilados formados por minerales iridiscentes y cavernas que parecieran geodas gigantes abiertas por la mitad. Continuó sin mirar atrás y se detuvo al llegar a la orilla de un gran océano. Se subió a una pequeña balsa; flotó en ella hasta encallar en una isla en la que los árboles eran hongos gigantes. Reanudó el viaje, pero una tormenta la desvió hacia una red de túneles muy estrechos en los que quedó atrapada. Empujó para descender un poco más, al corazón de la Tierra, pero las vibraciones cobraron intensidad. De pronto una columna de gases la envió de nuevo a la superficie. Corrió para contarle lo que había visto a su amigo Jules.

Josefina Pérez Mateos (1904-1994)

Geóloga y farmacéutica española reconocida por sus estudios de petrología sedimentaria en España. Se licenció en Farmacia en 1928 y, años más tarde, en 1934, también en Ciencias por la Universidad Central de Madrid (hoy Complutense). La Guerra Civil Española interrumpió sus aspiraciones académicas. Tras el conflicto, en 1939, fue interrogada por su afiliación a la UGT. Cuando quedó libre de sospechas comenzó a impartir clases en el Instituto Lope de Vega de Madrid. En 1945, defendió su tesis doctoral. Recibió el premio extraordinario por su trabajo sobre el color del mineral turmalina. En 1946 fundó la Sección de Petrografía Sedimentaria en el Instituto de Edafología, Ecología y Fisiología Vegetal del CSIC. Bajo su dirección, este laboratorio se convirtió en un referente para el estudio mineralógico de sedimentos. Su libro Análisis Mineralógico de Arenas, fue un manual básico para el reconocimiento de minerales en rocas detríticas. Realizó estancias fuera de España, donde se especializó en técnicas de estudio de sedimentos, conocimientos que introdujo y desarrolló al regresar. Se jubiló en 1974, año en el que se le otorgó la Gran Cruz de la Orden Civil de Alfonso X el Sabio.

La prisionera de Carabanchel

Prefiero morir que traicionar a mis amigos.
Sirius Black

Los brujos oscuros habían tomado el parlamento, donde detuvieron a una de las brujas más poderosas de los magos blancos, criada entre humanos no mágicos, pero graduada en el mejor colegio de magia. La acusaban de ser una mestiza y de traición por conspiración. La interrogaron durante días, pero no cedió un solo recuerdo. Cuando intentaron someterla con una maldición prohibida, la encontraron en su celda dormida y con los labios sellados.

Aún hoy, su espíritu deambula por la prisión, como una luz que no pudieron apagar.

Mary Leakey (1913-1996)

Paleontóloga y arqueóloga británica reconocida por sus descubrimientos sobre la evolución humana. Fue una apasionada del dibujo y la arqueología desde pequeña. En los años treinta trabajó como ilustradora para diferentes arqueólogas como Dorothy Liddell, su mentora, y Gertrude Caton-Thompson. Ilustró materiales neolíticos del yacimiento de Hembury (Reino Unido), herramientas de piedra de la región egipcia de El Fayum y el libro Los antepasados de Adán de Louis Leaky, con quién se casó. Pero su carrera científica se desarrolló en África junto a su marido, donde hizo los descubrimientos más importantes. En 1948, encontró el cráneo del *Proconsul africanus* en Rusinga Island (Kenia). En 1959, en la Garganta de Olduvai (Tanzania), fósiles de *Paranthropus boisei* (también denominado *Australopithecus boisei*); y en los años sesenta, restos de *Homo habilis*. En 1978 descubrió huellas de homínidos que databan de hace unos 3.7 millones de años en Laetoli (Tanzania). Este hallazgo fue muy valioso para entender los inicios del bipedismo. Su trabajo revolucionó el campo de la paleoantropología y sentó las bases para entender el origen y la evolución de nuestra especie.

La cazadora del Serengeti

Con la primera luz del día preparó sus utensilios y salió en busca de una apetitosa presa. Tras horas de exploración, encontró un rastro de huellas de animales bípedos que la guio hasta una depresión en medio de la vasta sabana africana. A cada golpe de pico los gruñidos eran más fuertes. Desenfundó la rasqueta y apuntó directa a la cabeza de una criatura de rostro arcaico y robusto.

Mary Tharp (1920-2006)

Geóloga estadounidense reconocida por su papel en la comprensión de la geología marina y la tectónica de placas. Su carrera iba dirigida hacia las humanidades, pero durante la Segunda Guerra Mundial, animaron a las mujeres a entrar en «carreras masculinas» porque ellos se fueron a la guerra. En este contexto obtuvo el máster en geología en la Universidad de Michigan. Mientras trabajaba para la Stanolind Oil company (Oklahoma) se graduó en Matemáticas por la Universidad de Tulsa. En 1948 entró en el Lamont Geological Observatory al laboratorio del geólogo Maurice Ewing. Durante la entrevista solo contestó a la pregunta: «¿Sabes dibujar?», ni siquiera se mencionó que tenía un máster en Geología. Fue la primera mujer en este instituto. Colaboró con Bruce Heezen quien recopilaba los datos que ella transformaba en mapas. En 1953, reveló la existencia de una grieta de grandes dimensiones en medio del océano, el rift del Atlántico. Sin embargo, Heezen no la creyó. Tras un año de discusiones dio su brazo a torcer y le atribuyó el descubrimiento a su compañera. En 1957 produjeron el primer mapa del relieve submarino del Atlántico Norte; en 1961, del Atlántico Sur; y en 1964, del Océano Índico. Su trabajo dio validez a la teoría de la tectónica de placas y la deriva continental. En 1978, recibió la Medalla de Oro de la Sociedad Geológica de América. En 1999 durante una entrevista dijo: «Un lienzo blanco que llenar con extraordinarias posibilidades, un rompecabezas fascinante que armar. Eso ocurriría sólo una vez en la vida, una vez en la historia del mundo. Hubiera sido una oportunidad para cualquier persona, pero especialmente para una mujer de la década de 1940».

La dibujante viviente

El niño permanecía incrédulo por lo que tenía ante sus ojos: una señora, al mover el carboncillo, traía a la realidad criaturas extrañas. Le puso una moneda en el cestillo y del lienzo emergió un delfín alado que surcó las nubes. Echó un centavo más y vio como de sus orejas manaban burbujas, hasta que, de pronto, ambos quedaron sumergidos bajo el agua. Ella permanecía inmóvil, como una estatua, y él ya no tenía nada más que darle para que lo sacara de allí. Empezó a llorar, pero sus lágrimas se confundían con las gotas del océano. La mujer se acercó y le tomó la mano, el trazo que hicieron agitó el mar y del fondo surgieron montañas, las más altas que nunca había visto. Se agarraron a la cima y aparecieron de nuevo en el parque. Sin decir adiós, el pequeño recorrió el lugar para difundir la gran aventura.

María Fernanda Campa Uranga (1940-2019)

Geóloga y activista mexicana reconocida por sus contribuciones a la geología petrolera. Creció en un entorno revolucionario: su padre fue líder sindical y su madre, sufragista. A los dieciséis años ingresó a la Escuela Vocacional No. 1 de México, adscrita al Instituto Politécnico Nacional (IPN), para estudiar Geología. En 1977 se doctoró en Ciencias por la Universidad Nacional Autónoma de México (UNAM). Se especializó en geología petrolera y trabajó en la exploración de yacimientos energéticos para la empresa Pemex. Reflexionó sobre la soberanía energética del país y la importancia de la ciencia en su desarrollo. Fue cofundadora del Instituto Mexicano del Petróleo y del Laboratorio de Geología de Yacimientos. En 1985 fue clave en la creación del Instituto de Investigaciones de Ciencias de la Tierra de México. En 2008, la invitaron al Congreso para compartir su visión sobre la preservación de las riquezas del subsuelo.

A lo largo de su carrera escuchó comentarios del tipo: «estás jodida porque eres mujer y además comunista». Participó en movimientos sociales y políticos. Defendió los derechos laborales, el acceso a la educación y la inclusión de la mujer en la ciencia. Su postura ante la explotación de los recursos naturales y las políticas energéticas neoliberales fue determinante en los debates sobre el futuro energético de México.

La caperucita roja

¡El lobo ataca de nuevo!

Jordan Belfort, El lobo de Wall Street

Los lobos la engañaron para que revelara el camino. Pero en cuanto desaparecieron entre la maleza, tiró la cesta y tomó un atajo. Dejó la puerta entreabierta y, a toda prisa, agarró la vieja escopeta. Cuando llegaron, la niña ya los esperaba.

Katia Krafft (1942-1991)

Geóloga francesa reconocida por su estudio de volcanes activos, uno de los fenómenos naturales más peligrosos del planeta. Estudió geología en la Universidad de Estrasburgo donde se especializó en física y geoquímica. Centró su investigación en la actividad volcánica para comprender los mecanismos de las erupciones y sus efectos en las comunidades cercanas. Durante la carrera observó la erupción del Stromboli, donde recopiló y analizó datos de gases y rocas; también conoció a Maurice Krafft, con quien se casó y trabajó toda la vida. Desde entonces fueron uno y todos los logros fueron conjuntos, aunque muchas veces se los atribuían solo a él. En 1968 la invitaron a Islandia para estudiar el volcán Kverkfjöll que entró en erupción tras miles de años inactivo. Documentó erupciones *in situ*, filmó y tomó fotografías del monte Saint Helens (Estados Unidos) uno de los más devastadores. Su trabajo mejoró las técnicas de monitoreo y predicción de la actividad volcánica, lo que contribuyó a mitigar desastres y salvar vidas. Documentó la formación de volcanes, efectos de la lluvia ácida y las nubes de ceniza. Usó casco para protegerse de las piedras proyectadas y, para acercarse al centro de los volcanes, un traje especial que le permitió soportar altas temperaturas. En 1991 murió atrapada, junto a su marido y varios periodistas, en el flujo piroclástico del monte Unzen (Japón). Recibió varios premios, como el Prix d'l'Exploration, y homenajes *post mortem* como la medalla de honor Krafft que otorga cada cuatro años la Asociación de Vulcanología y Química.

La hija de Durin I

The shadow lies upon his tomb. In Moria, in Khazad-dûm.

J.R.R. Tolkien

Respirar a kilómetros bajo tierra era complicado; el calor, insoportable; y la falta de luz, una cortina que impedía la visibilidad. Con los sentidos noqueados y cubiertos de sudor, se lamentaron, no había ni rastro del Balrog que les expulsó de su hogar y derrotó al rey. Tras horas de cavar túneles, el ejército de enanos tiró sus herramientas al suelo para empezar el ascenso a la superficie. Aceptaron perder para siempre la montaña. Entonces, la única enana acercó la mano a una de las paredes, se puso el casco y, con el pico que había mejorado con mithril, abrió una grieta de la que emergió un ser envuelto en fuego. Alzó el puño como símbolo de guerra y ordenó: «Vosotros cavad, la bestia es mía».

Elisabeth Vrba (1942-2025)

Paleontóloga sudafricana-estadounidense, nacida en Alemania, reconocida por su trabajo sobre la evolución de los mamíferos y su relación con los cambios ambientales. Antes de obtener el doctorado, trabajó en el Transvaal Museum (actual Museo Nacional Ditsong de Historia Natural) en el Departamento de Paleontología y Paleoantropología. En 1974 se doctoró en Zoología y Paleontología por la Universidad de Ciudad del Cabo. Su investigación se centró en la evolución de los bóvidos (antílopes, búfalos y otros rumiantes) en África, para ello estudió los fósiles de estos mamíferos y analizó los patrones evolutivos relacionados con los efectos de los cambios en el clima y el ambiente. En la década de los ochenta propuso la hipótesis del *turnover-pulse* que postula que los cambios climáticos pueden desencadenar oleadas de especiaciones y extinciones de especies especializadas mientras que las generalistas pueden resistir mejor las fluctuaciones climáticas. Junto al paleontólogo Stephen Jay Gould defendió la «exaptación», un concepto evolutivo que explica cómo el origen de un rasgo genético no siempre refleja su función actual, es decir, las adaptaciones genéticas pueden asumir nuevas funciones y servir para un propósito diferente en el futuro. En 1986 se mudó a Estados Unidos y fue profesora en la Universidad de Yale. A lo largo de su carrera, publicó numerosos artículos y libros, y recibió varios premios y reconocimientos. Su trabajo es una referencia en paleontología y biología evolutiva. Su apellido significa «sauce» en checo, árbol que representa la resistencia y capacidad de adaptación.

La abuela sauce

Desde que la Tierra era un desierto, apenas unos pocos organismos podían sobrevivir. Se aferraban a los finos hilos de agua que caían de las montañas en primavera, donde los pastos verdes ya solo eran cenizas. En un pequeño oasis se mantenía con vida una sauce milenaria. Sin agua suficiente, sus congéneres se debilitaron, se secaron uno a uno. Su tristeza era tan grande que empezó a llorar. Lloraba y lloraba. Hasta que sus lágrimas hicieron brotar, de los árboles muertos, hojas resistentes a la sed.

MATEMÁTICAS E INGENIERÍA

*La frase más peligrosa del lenguaje es: siempre lo
hemos hecho así.*
GRACE HOPPER

Hipatia de Alejandría (c. 355 – 415 d.C.)

Filósofa, matemática y astrónoma griega reconocida por sus contribuciones a la ciencia y la filosofía. La educó su padre, Teón, matemático y director de la Biblioteca de Alejandría. Se convirtió en una respetada maestra y líder intelectual. Fue la primera mujer en impartir clases de geometría, filosofía y astronomía en la escuela neoplatónica de Alejandría, lo que atrajo a estudiantes de distintas regiones. Contribuyó a obras importantes y escribió tratados sobre Euclides y Diofanto. Estudió las *Cónicas* de Apolonio (la parábola, la elipse y la hipérbole), fundamentales para la comprensión de las órbitas planetarias. Además, desarrolló instrumentos como el astrolabio y el hidrómetro que ayudaron a entender el movimiento de los cuerpos celestes y los fluidos. Su influencia social y defensa del conocimiento racional se consideró una amenaza y fue blanco de los cristianos. Se la acusó de influir en las decisiones del prefecto Orestes, quien estaba en conflicto con el obispo Cirilo. En el año 415, una turba de fanáticos religiosos la lapidó. La mayoría de las fuentes históricas condenaron su muerte, pero el obispo egipcio Juan de Nikiû la justificó al considerarla una bruja peligrosa.

La guía del pueblo

La muchedumbre rugía en la plaza del pueblo. Los magnates, ansiosos por ver la sangre correr, presidían el acto y cuando todos estaban preparados para lanzar las piedras, enmudecieron. Un grupo de jóvenes, liderados por una mujer, irrumpió en silencio con los brazos en alto para proteger a los acusados. Ante la pregunta que ella lanzó al populacho enfurecido sobre la culpabilidad de los reos, ningún verdugo supo responder. Los puños cerrados, uno a uno, se volvieron hacia al palco.

Sophie Germain (1776-1831)

Matemática francesa reconocida por su contribución a la teoría de los números y de la elasticidad. Las matemáticas le fascinaron desde muy joven, pero no tuvo acceso a educación formal porque su padre se lo negó. Fue autodidacta tanto del latín como de las matemáticas. Aprovechó los libros de aritmética, cálculo diferencial y física de la biblioteca de su padre y los leía en clandestinidad. Su firmeza y perseverancia vencieron la resistencia de su familia que, aunque no lo entendían, la dejaron estudiar. En 1794, se fundó la Escuela Politécnica de París, donde las mujeres no fueron admitidas hasta 1972. Consiguió hacerse con apuntes y el proyecto final lo firmó con el nombre de Antoine-Auguste Le Blanc. El trabajo impresionó al profesor Lagrange y fue cuando tuvo que revelar su verdadera identidad. No obstante, mantuvo el seudónimo «*Monsieur* Le Blanc» durante unos años mientras intercambiaba cartas con otros matemáticos, entre ellos Friedrich Gauss y Joseph Fourier. En 1816 recibió el premio de la Academia de las Ciencias de Paris, pero no asistió a la entrega. Su aportación más importante a la teoría de los números fue el estudio de los números primos de Germain. Sus habilidades la convirtieron en una figura de la historia de las matemáticas.

La señora Le Blanc

La joven, obligada a casarse con el señor más rico del pueblo, recibió una carta horas antes de la boda. Al ver la letra, sonrió. «No puedo callar más. Vuestros ojos son mi amanecer, vuestra risa mi refugio. Cada palabra aquí late con la verdad: os amo. Un amor prohibido, pero real. Si vuestro corazón siente lo mismo, venid al lugar que compartimos en secreto. Allí os esperaré, a la hora en que deba empezar la ceremonia. Si no llegáis, entenderé y desapareceré. *Monsieur* Le Blanc».

En la iglesia, los bancos estaban llenos y el novio esperaba firme en el altar. En el escondite, ambas mujeres se amaban en clandestinidad.

Ada Lovelace (1815-1852)

Matemática y escritora inglesa reconocida por ser la primera programadora de la historia. Era hija del poeta Lord Byron y Annabella Milbanke, mujer con gran inclinación hacia las matemáticas. Tras la muerte de su padre, su madre decidió educarla en matemáticas y ciencias. Se casó con el conde de Lovelace, esto le facilitó el acceso a la biblioteca de la Royal Society de Londres. En 1843 comenzó a colaborar con Charles Babbage, matemático que diseñó la primera máquina analítica. Le tradujo del francés al inglés un artículo de Luigi Menabrea sobre la máquina analítica. La traducción era tres veces más larga que el original porque había añadido sus propias anotaciones. Comprendió que las máquinas podrían manipular símbolos y letras y desarrolló el primer algoritmo para ser procesado por una máquina. Anticipó la capacidad de los ordenadores para ir más allá de simples cálculos numéricos y abrió el camino a un concepto más amplio de computación moderna.

Falleció a los 36 años a causa de un cáncer de útero. En su honor se le puso su nombre a uno de los lenguajes de programación, diseñado por el Departamento de Defensa de los Estados Unidos, usado para sistemas que requieren alta fiabilidad y mantenimiento.

```r
#Génesis

install.packages("AdaLovelace")
library(AdaLovelace)
machine <- function(conscious = FALSE, logic = "binary") {
list(conscious = conscious, logic = logic)}
create_beings <- function() {
Adam <- machine(conscious = TRUE, logic = "binary")
Eve <- machine(conscious = TRUE, logic = "binary")
list(Adam, Eve)}
world <- create_beings()
for (being in world) {
being$interact(with = "world")}
quit(save = "yes")
shutdown(system = "universe")
```

Emily Warren Roebling (1843-1903)

Ingeniera estadounidense reconocida por su papel en la construcción del Puente de Brooklyn. No tuvo una educación formal más allá de asistir a clases en el Georgetown Visitation Convent, un internado católico para mujeres en Washington D.C. Allí recibió educación en matemáticas, ciencias, literatura, idiomas y en buenas prácticas para futuras esposas. Fue autodidacta y aprendió todo cuando se casó con Washington Roebling, ingeniero jefe del proyecto para unir Brooklyn con Manhattan. Cuando su marido enfermó, estudió ingeniería civil y asumió la supervisión de la construcción del puente. Se formó en cálculos estructurales, resistencia de materiales, y gestión de proyectos. Esto le permitió comunicarse con ingenieros, supervisores y trabajadores de manera eficiente. Negoció con las autoridades, resolvió problemas técnicos y defendió la integridad del proyecto frente a las críticas. Al acabar el puente, el veinticuatro de mayo de 1883, fue la primera persona en cruzarlo debido a la desconfianza en la nueva y gigante estructura. Lo atravesó montada en un carruaje mientras sujetaba un gallo en sus manos como símbolo de victoria. Nunca obtuvo el título en ingeniería y continuó su vida dedicada a la familia y al activismo social. Luchó por el derecho al voto femenino y la educación para las mujeres.

Hosanna, la ingeniera

Al llegar a Manhattan, frente a Brooklyn, envió a dos de sus obreros: «Coged el carruaje, amarrad un par de caballos y traédmelos. Y si alguien pregunta, decid que la Señora lo devolverá enseguida». Los hombres obedecieron y ella se montó en el juego delantero. Con las riendas firmes, avanzó sobre la estructura. A su paso, la multitud alzaba los sombreros al aire. Los que caminaban detrás, vitoreaban.

Hertha Ayrton (1854-1923)

Destacada ingeniera, matemática e inventora británica. Mostró un temprano interés por la ciencia y las matemáticas. Estudió matemáticas en la Universidad de Cambridge, pero tuvo que graduarse en la Universidad de Londres, ya que en la primera las mujeres no podían obtener un título. Se abrió paso en ciencia a través de la invención y publicación de 26 patentes, entre ellas un calibrador que permitía dividir una línea en el número deseado de partes iguales, un arco eléctrico que se utilizaba como fuente de luz artificial de gran intensidad, la «máquina de Ayrton» que medía el flujo de aire en sistemas eléctricos; y un ventilador que recreaba los remolinos de aire de los desiertos que sirvió para disipar los gases tóxicos en la primera guerra mundial. Fue la primera mujer en entrar en la Institución de Ingenieros Eléctricos (1899), no así en la Royal Society, que ni le permitió exponer su trabajo en público y tuvo que hacerlo un hombre por ella. Sin embargo, esta misma sociedad le concedió la medalla Hughes (1906) por su investigación del arco eléctrico.

Estuvo comprometida con el movimiento feminista y sufragista, apoyó a mujeres como Marie e Irene Curie y la mayor parte de sus patentes fueron financiadas por grandes figuras del feminismo (Louisa Goldsmid y Barbara Bodichon, entre otras). Luchó por el reconocimiento de la mujer en ciencia. Suya es esta cita: «Los errores son notoriamente difíciles de matar, pero el error de atribuir a un hombre lo que en realidad pertenece al trabajo de una mujer, tiene más vidas que las de un gato».

La gata negra

El científico no podía evitar relamerse mientras revisaba los documentos que su pupila le había entregado. Guardó los papeles en el escritorio y le indicó que tendría que repetir la experimentación. Cuando todos se marcharon y, bajo la luz de un flexo, los sacó de nuevo. Copió a toda prisa hasta que, en la penumbra del laboratorio, dos destellos le hicieron levantar la vista. No se detuvo.

Durante la reunión matutina, un maullido resonó en el fondo de un cajón de la sala. Un animal enfurecido salió disparado envuelto en una lluvia de papeles que quedaron esparcidos sobre la mesa. A la vista de todos.

Emmy Noether (1882-1935)

Matemática alemana considerada una de las figuras más influyentes en la historia de esta disciplina. Desde joven mostró un gran talento para el pensamiento lógico y abstracto. Estudió matemáticas en la Universidad de Erlangen. Asistió a clase como oyente hasta que en 1904 consiguió matricularse. Se doctoró en 1907 con una tesis sobre invariantes algebraicos. Ejerció como profesora de forma extraoficial en la misma universidad, sin cobrar por ser mujer. En 1915 recibió una invitación de Félix Klein y David Hilbert para trasladarse a la Universidad de Göttingen. Ambos solicitaron su habilitación como profesora, pero al inicio no fue reconocida ni tras el discurso de Hilbert en el claustro: «Señores míos, no veo que el sexo de la candidata sea un argumento contra su admisión como profesora. Después de todo, la Junta no es una casa de baños». Durante este periodo profesional formuló el Teorema de Noether, que establece una profunda relación entre simetrías en la física y las leyes de conservación, pilar fundamental de la física teórica y la teoría de la relatividad. En 1919, se convirtió en la primera mujer de la Universidad de Göttingen y a sus alumnos se los reconocía como los «Noether Boys». Cabe destacar que, además de prejuicios machistas, también enfrentó críticas por su aspecto físico. En 1933 se fue a Estados Unidos por la persecución a los judíos en la Alemania nazi, allí dio clases remuneradas en la universidad hasta su muerte.

La mujer apolínea

Mientras unos hombres envueltos en paños se sientan en bancos de piedra caliente, otros se embadurnan la piel con aceites. El aroma a laurel y romero invade la casa de baños. Tras una bruma de vapor, aparece una figura de delicadas curvas. Descalza, con la túnica empapada pegada al cuerpo. Una mujer. El silencio lo rompen murmullos ininteligibles. La desvisten a cada paso con la mirada. Ella avanza firme hasta llegar a la piscina central. Sus pies se transforman en una larga cola cubierta de escamas al contacto con el agua. Cuando todos tragan saliva, ella se sienta, huele el miedo.

Edith Clarke (1883-1959)

Ingeniera estadounidense reconocida por sus contribuciones al análisis de sistemas eléctricos de potencia. Quedó huérfana, pero recibió una herencia que usó para estudiar matemáticas y astronomía en el Vassar College. En 1912 consiguió un puesto en la American Telephone and Telegraph (AT&T) como «calculadora humana». Realizó cálculos para resolver los problemas de las transmisiones eléctricas de larga distancia. En 1918 ingresó en el Instituto de Tecnología de Massachusetts (MIT) para obtener el título de Ingeniería Eléctrica. Se convirtió em la primera mujer en alcanzar este logro. En 1921 General Electric (GE) la contrató como ingeniera. Desarrolló el calculador gráfico de Clarke, un dispositivo que simplificaba los cálculos de líneas de transmisión de energía eléctrica. Su método permitió resolver ecuaciones con mayor rapidez y precisión y facilitó la expansión y mejora de las redes eléctricas en Estados Unidos. En 1943 publicó el libro *Circuit Analysis of A-C Power Systems*, referencia del campo. Fue la primera mujer en presentar un artículo técnico en la conferencia del Instituto Americano de Ingenieros Eléctricos (AIEE); y la primera profesora de ingeniería eléctrica en la Universidad de Texas. En 2015, la incluyeron en el Salón de la Fama de los Inventores Nacionales de Estados Unidos.

La heredera

La joven sirvienta encontró al señor de la mansión tirado en el suelo del estudio. Se acercó a él: no respiraba. Corrió a buscar a la gobernanta, en quien más confiaba porque la había criado. La mujer se dejó caer al suelo a la vez que agarraba la mano de la muchacha. Al levantarse se secó las lágrimas con el mandil y, con un gesto solemne, le acarició la cara. De una mesilla de madera sacó una carta escrita a pluma, que le entregó junto a las llaves de la casa.

Grace Hopper (1906-1992)

Matemática estadounidense reconocida por su trabajo en computación. Su pasión por las máquinas hizo que se graduara en matemáticas y física en 1928 por el Vassar College. En 1934 se doctoró en Matemáticas por la Universidad de Yale. Durante la Segunda Guerra Mundial se unió a la Reserva Naval de los Estados Unidos y trabajó en la Universidad de Harvard con el Harvard Mark I, una de las primeras computadoras electromecánicas, con las que calculaban la precisión de las armas navales en diferentes condiciones climáticas. Tras la guerra trabajó en el desarrollo de computadoras en la Eckert-Mauchly Computer Corporation y en la Remington Rand. Desarrolló el primer compilador, una herramienta que traducía el código fuente de lenguaje de programación a lenguaje de máquina. Con esto se desarrolló el COBOL (Common Business-Oriented Language), uno de los primeros lenguajes de programación de alto nivel y que aún se utiliza hoy en día. Mientras trabajaba en la computadora Mark II, en la Universidad de Harvard, una polilla atrapada en un relé causó un fallo en su funcionamiento. Retiraron el insecto y lo pegaron en un libro de registros junto a la siguiente frase: «First actual case of bug being found». Hopper comentó que habían encontrado un *bug* en el sistema y, desde entonces, se popularizó el término en la informática. Después de jubilarse, en 1986, trabajó como consultora de Digital Equipment Corporation. Recibió varios premios entre ellos el de «Hombre del Año en Informática» por la Asociación de Gestión de Procesamiento de Datos en 1969. Fue la primera mujer en ser miembro de la British Computer Society, en 1973, y la Armada estadounidense bautizó un barco en su honor, USS Hopper. Antes de retirarse de la Armada la nombraron Contralmirante. Promovió la educación y la inclusión de la mujer en tecnología y ciencias.

La almirante de los insectos

La anarquía se había apoderado del campo: las mariquitas rodaban sobre pelotas de excremento, las mantis descomponían la madera de los árboles, las libélulas revoloteaban alrededor de la carne podrida y los mosquitos habían elegido a la nueva reina. En medio del caos llegó una nueva zángana que, con un ligero movimiento de una de las antenas, los escarabajos recuperaron sus bolas; al agitar la otra, las termitas volvieron a adentrarse en la madera; al desplegar sus alas, las moscas regresaron al reciclaje; y cuando alzó el vuelo, las abejas revindicaron a su nueva reina.

Hedy Lamarr (1914-2000)

Actriz, ingeniera e inventora austriaca que, además de ser conocida por su carrera cinematográfica, codesarrolló un sistema de comunicación seguro llamado «frecuencia salto». Esta técnica sirvió como precursora de las actuales bluetooth y wifi. Su nombre real era Hedwig Eva Maria Kiesler y dejó los estudios de ingeniería para dedicarse al cine. Se hizo famosa por su aparición en *Éxtasis* (1932), primera película en mostrar la cara de una mujer, desnuda, durante el orgasmo. La censuraron y se prohibió la proyección en cines. Tras el escándalo, Fritz Mandl, jefe de una empresa armamentística austriaca filonazi, pidió su mano. Se casaron contra la voluntad de Hedy y desde entonces la tuvo bajo vigilancia: la obligaba a asistir a todos los actos públicos y a sus reuniones de trabajo. Durante uno de esos viajes de negocios de su marido huyó a Estados Unidos. Allí conoció al compositor George Antheil que la ayudó a desarrollar su idea de crear un sistema de comunicación por frecuencias de radio cambiantes, lo que las haría indetectables para los nazis, y juntos en junio de 1941 presentaron la solicitud de patente: *Secret Communication System*. Se la concedieron en 1942, aunque no fue utilizada hasta que caducó. En 1957 una empresa americana desarrollo el sistema para transmisiones militares durante la crisis de los misiles de Cuba y en la guerra de Vietnam. En octubre de 1998 obtuvo la medalla Viktor Kaplan de la Asociación Austriaca de Inventores y Titulares de Patentes. Además, en Austria se celebra el día del inventor el 9 de noviembre en su honor.

La más bonita de todas

Cualquier chica puede ser glamurosa.
Todo lo que tienes que hacer es quedarte quieta y parecer estúpida.
Hedy Lamarr

Era la atracción de todos los hombres presentes en el comedor. Llamaban la atención sus labios carmín, las curvas bajo el vestido, y los ojos azules que contrastaban con el negro azabache del pelo. Situada a la derecha de su marido, escuchó cada uno de los comentarios dirigidos hacia ella.

Entre el humo de los puros y el olor a whisky, ellos planeaban la estrategia de venta y envío de armamento. Ella permanecía sentada, sin abrir la boca, como una estatua de belleza griega. Solo de vez en cuando daba un trago del vaso y, al dejarlo sobre la mesa, carraspeaba emitiendo un sonido más fuerte o sutil. El pianista que amenizaba la noche respondía con diferentes piezas. Fuera de la sala, los sirvientes, tomaban nota.

Cualquier chica puede
ser glamurosa

Todo lo que tienes que hacer es
quedarte quieta y parecer estúpida

TOP SEC

H.L. - 1914

Miriam Mirzakhani (1977-2017)

Matemática iraní reconocida por su trabajo en geometría y sistemas dinámicos. Durante la adolescencia ganó la medalla de oro en la Olimpiada Internacional de Matemáticas en 1994 y 1995. Estudió matemáticas en la Universidad de Tecnología de Sharif y se doctoró, en 2004, en la Universidad de Harvard bajo la dirección de Curtis McMullen, matemático estadounidense. Su campo de investigación se centró en las superficies hiperbólicas, las curvas geodésicas y los espacios modulares. Sus resultados permitieron comprender el comportamiento de los sistemas dinámicos en superficies curvas. En 2008 fue profesora en la Universidad de Stanford. En 2014 recibió la Medalla Fields, un hito para las mujeres en matemáticas. El presidente iraní, Hassan Rohani, compartió imágenes de ella sin velo en redes sociales para felicitarla.

Falleció muy joven, en 2017, a los 40 años. Comparaba su trabajo con escribir una novela: requería paciencia, imaginación y una profunda conexión con los problemas que investigaba. En su honor, la Unesco y la Unión Matemática Internacional declararon el 12 de mayo como el Día Internacional de las Mujeres en Matemáticas.

La mujer insumisa

Teorema de Noether: Si algo en la naturaleza no cambia bajo ciertas
transformaciones continuas (como el tiempo o el espacio),
entonces hay algo que se mantiene constante, como la energía o el momento.

Se quita el velo frente al parlamento. Aunque su apariencia cambia,
su esencia permanece intacta, como un círculo que, aun escalado, no
pierde su forma. Desafía un sistema que cree que puede transformarla.
Cuando los policías llegan, una tropa de mujeres se deshace de sus
velos y los rodea alzando las manos. Ellos ante la avalancha se retiran.

OTRAS

*La guerra química es la perversión de los
ideales de la ciencia y un signo de barbarie,
que corrompe la misma disciplina que debería
aportar nuevos conocimientos a la vida.*
CLARA IMMERWAHR

Hildegarda de Bingen (1098-1179)

Monja benedictina, mística, teóloga, escritora y compositora alemana, reconocida por su influencia en medicina y ciencia. Desde niña dijo experimentar visiones que interpretó como manifestaciones divinas. Sin embargo, su enfoque en medicina y ciencia fue analítico. A los ocho años ingresó en el monasterio de Disibodenberg y, en 1136, fue nombrada abadesa de Rupertsberg. Fue consejera de papas y emperadores y una de las pensadoras más avanzadas de la Edad Media. En medicina describió las propiedades curativas de plantas, animales y minerales, y abordó la salud humana y el tratamiento de enfermedades. Su descripción de la circulación sanguínea se acercó mucho a lo que William Harvey desarrollaría siglos después al señalar que el corazón bombeaba la sangre, que fluye hacia los órganos y tejidos. Relacionó el bienestar emocional y la salud física. Escribió sobre el orgasmo femenino desde una perspectiva fisiológica y describió la menstruación, algo inusual en la época. En música compuso cantos litúrgicos, con una notación más compleja de la habitual, que fueron redescubiertos ochocientos años después. En 2012, la Iglesia Católica la canonizó y proclamó Doctora de la Iglesia, título reservado para los que han tenido influencia en la doctrina cristiana.

Virgen y pecadora

A la luz de la vela imagina a la novicia que desde hace días le quita el sueño. Entre las sábanas sus manos se aventuran bajo el camisón. Se acaricia con suavidad los pechos, se muerde los labios, respira entrecortado. Para. No debe. Pero sus dedos se deslizan bajo las calzas, disfruta, la piensa; y a la vez que reza para purgar la culpa, sucumbe al éxtasis.

Bertha Benz (1849-1944)

Inventora alemana reconocida por ser la primera persona en realizar un viaje de larga distancia en automóvil. Desde joven mostró interés por la mecánica y la ingeniería, aunque en su época las mujeres no podían acceder a estudios técnicos. En 1872 se casó con Carl Benz, ingeniero y fundador de Benz & Cie. Financió la empresa con su propio patrimonio convirtiéndose en la propietaria. En 1885 Karl desarrolló el Benz Patent-Motorwagen, el primer automóvil de combustión interna del que obtuvo la patente en 1886. Sin embargo, el invento no despertó el interés del público ni de los inversores. En 1888, ella tomó la iniciativa de demostrar su utilidad: sin avisar a su marido, emprendió un viaje de unos cien kilómetros desde Mannheim hasta Pforzheim junto a sus hijos. Fue la primera persona en hacer un viaje de larga distancia en automóvil. Durante el trayecto, solucionó diversos problemas mecánicos: limpió una tubería de combustible con un alfiler, utilizó un pañuelo para aislar una pieza del motor y utilizó una liga para aislar un cable eléctrico. Después de la experiencia, recomendó mejorar el sistema de frenado para aumentar la seguridad del vehículo. La hazaña atrajo la atención de la prensa y el público lo que impulsó las ventas del automóvil. En 1926 Benz & Cie. se fusionó con Daimler-Motoren-Gesellschaft para formar Mercedes-Benz. Su contribución a la industria automotriz fue reconocida décadas después. En 2008 se estableció la Ruta Bertha Benz, como recorrido turístico en Alemania.

La piloto de carreras

El semáforo se apaga y los coches arrancan a toda velocidad. En la vuelta trece, cuando ocupa la segunda plaza, al pasar por la *chicane*, el monoplaza sufre un fuerte roce. Un humo negro sale del motor y al instante, el ingeniero la avisa por radio para entrar a boxes. Los mecánicos detectan que una pieza del aislamiento térmico se ha desprendido. Sin tiempo para arreglarlo, saca la mano del vehículo y les entrega un pañuelo para que sujeten la pieza. Con gran desconfianza siguen sus instrucciones y le dan luz verde para volver a pista. Pisa a fondo, adelanta al límite y remonta posiciones. En la última recta a meta, acelera. La pieza se suelta. Se ralentiza. Dos coches la superan por centímetros. Da un volantazo y con la inercia, cruza la línea en tercer lugar.

Clara Immerwahr (1870-1915)

Química alemana reconocida por ser la primera mujer en obtener un doctorado en Química en Alemania. Nació en una familia judía de clase media. En 1900, se doctoró en Química por la Universidad de Breslavia, con una tesis sobre la solubilidad de sales metálicas. Sus aspiraciones profesionales se frustraron tras su matrimonio con Fritz Haber en 1901. Desde ese momento se vio relegada al papel de esposa y madre. El mayor conflicto matrimonial surgió cuando Haber comenzó a desarrollar armas químicas para la Primera Guerra Mundial, como el gas cloro. Para ella, fue una traición a la ética de la ciencia. El dos de mayo de 1915, poco después del ataque con gas cloro en Ypres (Bélgica) y tras una acalorada discusión durante la celebración del éxito militar, tomó el revólver de su marido y se disparó. Su hijo de trece años se la encontró agonizante en el jardín; ese mismo día Haber partió al frente para supervisar el uso del gas en nuevos ataques. Su muerte se declaró suicidio, pero se interpreta como un acto de protesta por el uso de la ciencia con fines destructivos. Su historia fue eclipsada por la de Haber, quien recibió el Premio Nobel en 1918 por la síntesis de amoníaco, utilizado en la producción de explosivos y fertilizantes.

La disidente

Por la rendija de la puerta del salón escucha el plan que trazan los militares. Se sacude el delantal, llena de rabia, y toca la puerta para pedir paso. Atraviesa la nube de humo de puros. Se dirige a la mesa del centro con una bandeja llena de copas de champagne. Al girarse para salir de aquel tugurio, su marido le da un azote. Ella no reacciona. Entre los silbidos de los hombres uniformados, baja la mirada y se retira. Cierra la puerta. Se apoya en ella. Espera unos segundos hasta que brindan y, cuando oye los cuerpos inertes caer, respira.

Ángela Ruíz Robles (1895-1975)

Inventora y maestra española reconocida por crear la enciclopedia mecánica, el precursor de la enciclopedia electrónica. Realizó los estudios superiores en la Escuela de Magisterio de León. Al finalizar la carrera impartió clases de taquigrafía, mecanografía y contabilidad mercantil entre 1915 y 1917. Un año después ejerció como maestra en Santa Uxía de Mandiá, una aldea cerca de Ferrol, hasta 1928. Su labor como docente estuvo marcada por su interés en hacer más inclusiva la enseñanza y facilitar el proceso de aprendizaje de los alumnos. En 1916, diseñó un sistema taquigráfico que perfeccionó en la década de los años cuarenta. En 1949, inventó la primera enciclopedia mecánica que consistía en una máquina que, mediante una serie de mecanismos rotativos y con una base de información impresa, permitía acceder a datos y contenidos educativos de forma más interactiva. Patentó la máquina, pero la falta de apoyo institucional y financiero impidió que alcanzara una mayor difusión. En la actualidad se la considera un precursor de las enciclopedias electrónicas y las herramientas educativas multimedia. El prototipo se exhibe en el Museo Nacional de Ciencia y Tecnología en A Coruña. A lo largo de su carrera recibió diversos reconocimientos y desde el año 2023, los Premios Excelencia Académica otorgados por la Xunta de Galicia llevan su nombre.

La traductora

Hace días un artefacto ovoide de metal flota en el cielo. Los nervios de la gente crecen: se abastecen de recursos para subsistir a la vez que las economías mundiales empiezan a caer. Mientras el ejército trata de derribarlo, ella intenta descifrarlo. Con su invento detecta pulsos que a veces indican pausas, otras repeticiones: un lenguaje. Cuando el objeto desciende y abre unas pequeñas compuertas, los tanques apuntan. Ella hace un gesto agrupando los dedos en forma de uve: una letra, una sílaba, una palabra, una frase. El ataque se detiene. El ovni despega.

Elise Sørensen (1903-1977)

Enfermera danesa reconocida por inventar la bolsa de ostomía. Estudió en Holbaek y Viborg, y entre 1929 y 1935 trabajó como enfermera a domicilio para una empresa de seguros. Siempre le preocupó encontrar soluciones a los problemas psicológicos derivados de condiciones médicas cotidianas, en especial los que afectaban a los pacientes sometidos a cirugías de ostomía, como su hermana Thora. En aquella época, las personas que pasaban por estos procedimientos debían conformarse con dispositivos rudimentarios e incómodos que provocaban fugas, infecciones y una gran pérdida de autonomía. Ideó una alternativa más segura y discreta: una bolsa de ostomía autoadhesiva, flexible y desechable, que se adhería directamente a la piel. Evitaba complicaciones y permitía a los pacientes desenvolverse con mayor independencia. En 1954, patentó su invento y comenzó a buscar un fabricante. Llamó a muchas puertas sin éxito, hasta que Johanne Louis-Hansen, enfermera, convenció a su esposo, Aage Louis-Hansen, dueño de la empresa Coloplast, de apostar por la idea. La compañía produjo las bolsas, que resultaron un gran éxito. En 1963, mientras estaba ingresada en un hospital psiquiátrico por depresión, fue nombrada mejor enfermera del año.

La mendiga

Pues sabed que cuando mi hermana quedó condenada a llevar las entrañas abiertas, con más vergüenza que alivio, propúseme aliviarla con ingenio. No fue cosa de un día ni de dos, mas con maña, telas y gomas, hallé forma de recoger sus desechos. Y, con mi humilde invento plegado en el delantal, partí a pedir amparo de casa en casa. Díjele mi causa al primero, un caballero de la industria. Respondió que no había oro en la bolsa que no fuera suyo. Al segundo, un mercader, que, tras ver el artefacto, no le pareció negocio si no hedía a oro. El tercero, un doctor que al ver que la idea venía de una mujer, hizo como que no me veía. Después vinieron tantos otros que rieron con desdén. Y cuando todo estaba ya perdido, fue una mujer la que al fin me dio limosna.

Wangari Muta Maathai (1940-2011)

Ecóloga y política keniana reconocida por su defensa del medio ambiente, los derechos de las mujeres y la justicia social. Estudió biología en la Mount St. Scholastica College de Kansas, Estados Unidos, y obtuvo el máster en Ciencias por la Universidad de Pittsburgh. Regresó a Kenia en los años sesenta donde comenzó su lucha por la conservación del medio ambiente y los derechos humanos. En 1977, fundó el Movimiento Cinturón Verde una organización que promovió la plantación de árboles por parte de mujeres de comunidades rurales para combatir la deforestación, mejorar el acceso al agua y restaurar tierras degradadas. El movimiento se extendió y se plantaron millones de árboles en Kenia y en otros países africanos. También luchó por los derechos de las mujeres, contra la corrupción y la mala gestión ambiental en Kenia. Fue encarcelada en varias ocasiones, recibió amenazas de muerte y sufrió acoso por parte del gobierno. En 2002 fue representante en el parlamento y entre los años 2003 y 2007, ayudante del ministro de Medio Ambiente y Recursos Naturales. En 2004 se convirtió en la primera mujer africana en ganar un premio Nobel, el de la Paz, por su contribución al desarrollo sostenible y la democracia. Algunos la denominaron «mujer árbol» y fue una de las voces más influyentes del siglo XXI en la lucha por un mundo más justo y sostenible.

La mujer árbol

La guerra entre humanos y árboles iba en aumento. Mientras unos talaban a diestro y siniestro, otros se defendían, entrelazaban raíces y troncos, afilaban ramas y levantaban empalizadas. Cada batalla era una masacre; cuerpos caídos, astillados, savia cubriendo el suelo, y el olor a madera y césped recién cortado saturaban el aire.

Decidieron contraatacar: zarzas y cactus abrirían el frente; desde atrás, las palmeras lanzarían cocos y dátiles como proyectiles mientras los baobabs aplastarían a todo aquel que se atreviera a cruzar la formación. Desde lo alto de una colina una voz detuvo la marcha. Una muchacha de cabello oscuro y trenzado como lianas, se dirigió a la acacia más anciana de la arboleda: «si queremos vencer, debéis dejar de respirar».

NOTAS DE LA AUTORA

Si has llegado hasta aquí es porque te has sumergido en las vidas de estas mujeres extraordinarias. Todas ellas, de acuerdo con su tiempo y circunstancias, lucharon contra los estereotipos de una sociedad machista. Las mujeres han sido eclipsadas, olvidadas, menospreciadas o incluso borradas de los libros de historia, a pesar de que sus logros cambiaron la ciencia y, con ella, el mundo. A este fenómeno que empequeñece o niega las contribuciones de las mujeres en ciencia, se lo conoce como «efecto Matilda». Según estudios publicados en revistas de la talla de *Nature*, las mujeres tienen menos probabilidades de ser reconocidas como autoras o inventoras, aunque realicen tareas mayores o, al menos, similares. Esta invisibilización o subestimación no ha sido un hecho aislado, sino persistente, incluso estructural, y desgraciadamente hoy en día aún no ha desaparecido. En la actualidad, más mujeres que nunca estudian carreras científicas, pero su representación en niveles altos de la academia es aún muy desigual y testimonial. Los premios más prestigiosos se otorgan, en su mayoría, a hombres; los artículos científicos escritos por mujeres se citan menos; reciben menos financiación y, además, tienen un techo de cristal marcado por las labores de cuidado que, aún en el siglo XXI, interfieren con el desarrollo profesional. Y, a pesar de las políticas y normas de equidad e igualdad, el sesgo todavía es importante. Con este libro no pretendo corregir siglos de injusticia, pero sí ofrecer un espacio para la memoria y la reflexión. Quiero invitarte a cuestionar esas narrativas incompletas y a reflexionar sobre los estereotipos de género que aún persisten en ciencia y cualquier otro ámbito.

Según la Real Academia Española, un bestiario es una colección de criaturas reales o fantásticas que desafían la norma y expanden la imaginación. En este bestiario de mujeres científicas, las protagonistas no son fantásticas, son extraordinarias. No porque sean excepciones (la historia está llena de mujeres brillantes), sino porque cada una de ellas, con sus logros y luchas, desafiaron y desafían las normas impuestas. La historia de la ciencia no es solo la historia de los grandes descubrimientos, sino también la de quiénes han sido reconocidos o reconocidas por ellos.

Por último, confieso que ha sido todo un reto escribir estas páginas, por la cantidad de mujeres que se han quedado fuera y, en ocasiones, por la dificultad para elegir qué dato explotar de sus biografías. Con *No está mal, para ser mujeres*, he descubierto grandes personalidades, muchas desconocidas para mí, que me han hecho disfrutar del proceso de escritura (y de lectura). Espero que para ti haya sido un agradable viaje de aprendizaje. Sin más, te espero, con emoción, en siguientes lecturas.

AGRADECIMIENTOS

Empiezo con las protagonistas del libro, sin las que el mismo no existiría. A ellas, que desafiaron las normas y los estándares sociales e hicieron del mundo un lugar mejor, va mi primera y más profunda gratitud.

Por supuesto a quienes me han acompañado en este viaje mágico: a Ginés S. Cutillas, profesor de profesores, a mis compañeros del Laboratorio de Microrrelatos, mis primeros lectores, y a la Escuela de Escritores de Madrid. Gracias por las tardes de conversación que encendieron ideas y dieron vida a este libro. A la editorial Cuatro Letras por confiar en este proyecto, que les llegó al buzón sin acabar y apostaron por él, y por supuesto a la mejor ilustradora del mundo por hacer este libro tan bonito. Gracias por moldear estas páginas.

A toda mi familia, en especial a dos grandes mujeres, a mi madre y a mi compañera de vida; sin olvidarme de la familia de Isabel, sobre todo de su madre, millones de gracias por acompañarnos de la mano. A nuestras amigas, a todas y cada una de vosotras, gracias por el apoyo incondicional durante este trayecto, por escucharnos divagar sobre mujeres maravillosas y por creer en esto. A mis mentorxs científicxs, por ser inspiración.

Y gracias a vosotros lectorxs. Espero que estas páginas sirvan para recordaros que la historia, aunque siempre ha sido contada con una sola voz, está llena de mujeres que merecieron y merecen ser resignificadas, visibilizadas, leídas y escuchadas.

Gracias a todxs por ser parte de esto.

Iris